用Python 學物聯網

Science · Technology · Engineering · Mathematics

施威銘研究室 著

Contents

物聯網與 Python 簡介

物聯網的時代已經來臨了，根據國外研究顧問機構的研究指出，2020 年全球的物聯網裝置數量將達 500 億個，物聯網收集到的大數據更是 AI、智慧家庭、生醫、交通等產業的基礎，本套件將會帶領您認識與實作各種物聯網相關的生活應用。

1-1　物聯網簡介

物聯網 (IOT, Internet Of Things) 或稱智慧聯網，就是將智慧化的感測器及裝置加上網際網路，再結合雲端資料儲存、分析能力，以實現各種智能應用。更簡單的說，物聯網就是「物物相聯的網際網路」。例如本套件實作的智慧空調，可以將溫溼度感測器的值傳到手機，也可以用手機遠端遙控風扇開關，便是物聯網的一種應用。

為了讓感測器可以連上網際網路，我們將採用以下架構：

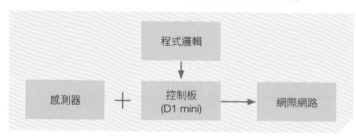

從上圖可以看到，控制板可說是一個智慧中心，幫我們取得感測數值送上網路。這個智慧中心一般使用單晶片開發板來達成，在種類繁多的開發板中，本套件選用的是 D1 mini，接下來就來認識 D1 mini 吧！

1-2　D1 mini 控制板簡介

D1 mini 是一片單晶片開發板，你可以將它想成是一部小電腦，可以執行透過程式描述的運作流程，並且可藉由兩側的輸出入腳位控制外部的電子元件，或是從外部電子元件獲取資訊。只要使用稍後會介紹的杜邦線，就可以將電子元件連接到輸出入腳位。

另外 D1 mini 還具備 Wi-Fi 連網的能力，可以將電子元件的資訊傳送出去，也可以透過網路從遠端控制 D1 mini。

有別於一般控制板開發時必須使用比較複雜的 C/C++ 程式語言，D1 mini 可透過易學易用的 Python 來開發，Python 是目前當紅的程式語言，後面就讓我們來認識 Python。

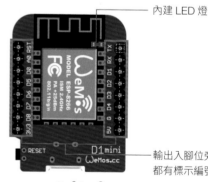

內建 LED 燈

輸出入腳位旁邊都有標示編號

1-3 安裝 Python 開發環境

在開始學 Python 控制硬體之前，當然要先安裝好 Python 開發環境。別擔心！安裝程序一點都不麻煩，甚至不用花腦筋，只要用滑鼠一直點下一步，不到五分鐘就可以安裝好了！

■ 下載與安裝 Thonny

Thonny 是一個適合初學者的 Python 開發環境，請連線 https://github.com/thonny/thonny/releases/tag/v3.1.2 下載這個軟體：

下載後請雙按執行該檔案，然後依照下面步驟即可完成安裝：

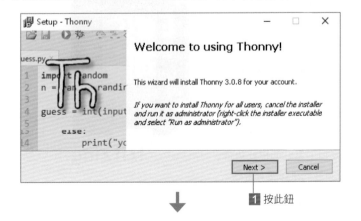

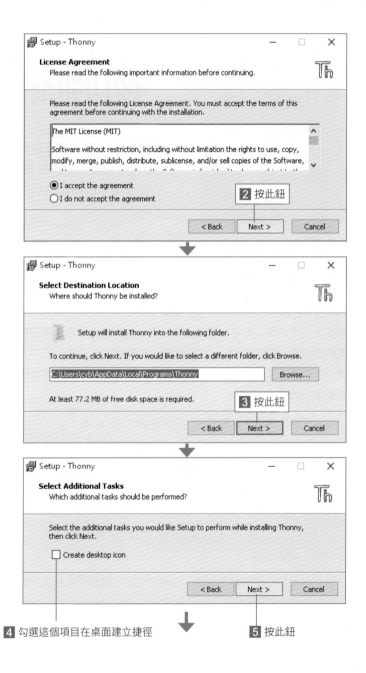

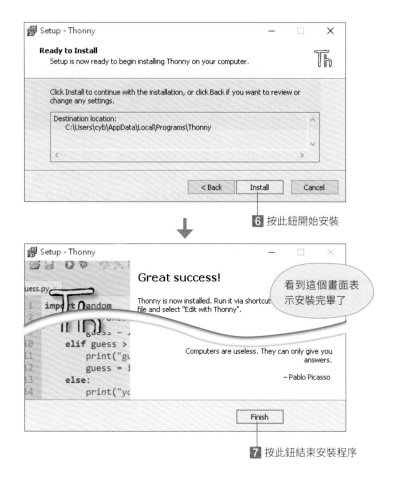

6 按此鈕開始安裝

看到這個畫面表示安裝完畢了

7 按此鈕結束安裝程序

互動性程式執行區　　　　　　程式編輯區

開始寫第一行程式

完成 Thonny 的安裝後，就可以開始寫程式啦！

請按 Windows 開始功能表中的 **Thonny** 項目或桌面上的捷徑，開啟 Thonny 開發環境：

Thonny 的上方是我們撰寫編輯程式的區域，下方 Shell 窗格則是互動性程式執行區，兩者的差別將於稍後說明。請如下在 Shell 窗格寫下我們的第一行程式

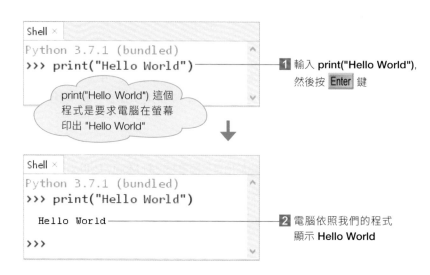

1 輸入 **print("Hello World")**，然後按 Enter 鍵

print("Hello World") 這個程式是要求電腦在螢幕印出 "Hello World"

2 電腦依照我們的程式顯示 **Hello World**

寫程式其實就像是寫劇本，寫劇本是用來要求演員如何表演，而寫程式則是用來控制電腦如何動作。

喂！電腦～唱一首歌！

我 ... 我 ... 我不知道怎麼唱

雖然說寫程式可以控制電腦，但是這個控制卻不像是人與人之間溝通那樣，只要簡單一個指令，對方就知道如何執行。您可以將電腦想像成一個動作超快，但是什麼都不懂的小朋友，當您想要電腦小朋友完成某件事情，例如唱一首歌，您需要告訴他這首歌每一個音是什麼、拍子多長才行。

所以寫程式的時候，我們需要將每一個步驟都寫下來，這樣電腦才能依照這個程式來完成您想要做的事情。

我們會在後面章節中，一步一步的教您如何寫好程式，做電腦的主人來控制電腦。

■ Python 程式語言

前面提到寫程式就像是寫劇本，現實生活中可以用英文、中文 ... 等不同的語言來寫劇本，在電腦的世界裡寫程式也有不同的程式語言，每一種程式語言的語法與特性都不相同，各有其優缺點。

本套件採用的程式語言是 Python, Python 是由荷蘭程式設計師 Guido van Rossum 於 1989 年所創建，由於他是英國電視短劇 Monty Python's Flying Circus (蒙提・派森的飛行馬戲團) 的愛好者，因此選中 **Python** (大蟒蛇) 做為新語言的名稱，而在 Python 的官網 (www.python.org) 中也是以蟒蛇圖案做為標誌：

Python 的蟒蛇標誌

Python 是一個易學易用而且功能強大的程式語言，其語法簡潔而且口語化 (近似英文寫作的方式)，因此非常容易撰寫及閱讀。更具體來說，就是 Python 通常可以用較少的程式碼來完成較多的工作，並且清楚易懂，相當適合初學者入門，所以本書將會帶領您使用 Python 來控制硬體。

■ Thonny 開發環境基本操作

前面我們已經在 Thonny 開發環境中寫下第一行 Python 程式，本節將為您介紹 Thonny 開發環境的基本操作方式。

Thonny 上半部的程式編輯區是我們撰寫程式的地方：

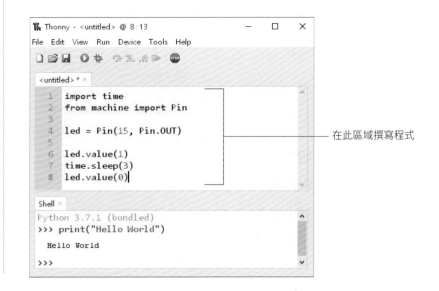

在此區域撰寫程式

可以說，上半部程式編輯區類似稿紙，讓我們將想要電腦做的指令全部寫下來，寫完後交給電腦執行，一次做完所有指令。

而下半部 **Shell** 窗格則是一個交談的介面，我們寫下一行指令後，電腦就會立刻執行這個指令，類似老師下一個口令學生做一個動作一樣。

所以 **Shell** 窗格適合用來作為程式測試，我們只要輸入一句程式，就可以立刻看到電腦執行結果是否正確。

⚠ 本書後面章節若看到程式前面有 >>>，便表示是在 **Shell** 窗格內執行與測試。

若您覺得 Thonny 開發環境的文字過小，請如下修改相關設定：

1 執行選單的『**Tools/Options**』命令，開啟設定視窗

2 切換到 **Theme & Font** 頁面　　3 在此處選擇字型大小

4 按 **Ok** 鈕儲存設定

如果覺得介面上的按鈕太小不好按，可以在設定視窗如下修改：

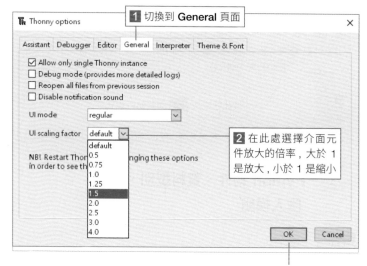

1 切換到 **General** 頁面

2 在此處選擇介面元件放大的倍率，大於 1 是放大，小於 1 是縮小

3 按 **Ok** 鈕儲存設定

日後當您撰寫好程式，請如下儲存：

按此鈕或按 Ctrl + S

若要打開之前儲存的程式或範例程式檔，請如下開啟：

按此鈕或按 Ctrl + O

⚠ 本套件範例程式下載網址：http://www.flag.com.tw/download.asp?FM617B。

如果要讓電腦執行或停止程式，請依照下面步驟：

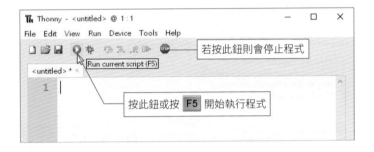

1-4 Python 物件、資料型別、變數、匯入模組

■ 物件

前面提到 Python 的語法簡潔且口語化，近似用英文寫作，一般我們寫句子的時候，會以主詞搭配動詞來成句。用 Python 寫程式的時候也是一樣，Python 程式是以『**物件**』(Object) 為主導，而物件會有『**方法**』(method)，這邊的物件就像是句子的主詞，方法類似動詞，請參見下面的比較表格：

寫作文章	寫 Python 程式	
車子	car	← car 物件
車子向前進	car.go()	← car 物件的 go 方法

物件的方法都是用點號 . 來連接，您可以將 . 想成『的』，所以 car.go() 便是 car **的** go() 方法。

方法的後面會加上括號 ()，有些方法可能會需要額外的資訊參數，假設車子向前進需要指定速度，此時速度會放在方法的括號內，例如 car.go(100)，這種額外資訊就稱為『**參數**』。若有多個參數，參數間以英文逗號 "," 來分隔。

請在 Thonny 的 **Shell** 窗格，輸入以下程式練習使用物件的方法：

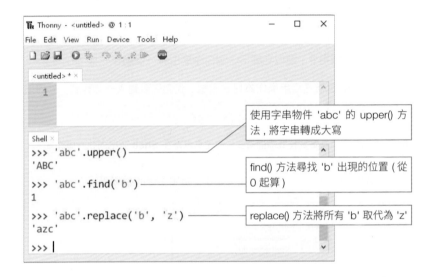

⚠ 不同的物件會有不同的方法，本書稍後介紹各種物件時，會說明該物件可以使用的方法。

■ 資料型別

上面我們使用了字串物件來練習方法，Python 中只要用成對的 " 或 ' 引號括起來的就會自動成為字串物件，例如 "abc"、'abc'。

除了字串物件以外，我們寫程式常用的還有整數與浮點數 (小數) 物件，例如 111 與 11.1。所以數字如果沒有用引號括起來，便會自動成為整數與浮點數物件，若是有括起來，則是字串物件：

```
>>> 111 + 111
222
```

```
>>> '111' + '111'
'111111'
```

我們可以看到雖然都是 111，但是整數與字串物件用 + 號相加的動作會不一樣，這是因為其資料的種類不相同。這些資料的種類，在程式語言中我們稱之為『**資料型別**』(Data Type)。

寫程式的時候務必要分清楚資料型別，兩個資料若型別不同，便可能會導致程式無法運作：

```
>>> 111 + '111'   ◄── 不同型別的資料相加發生錯誤
  Traceback (most recent call last):
    File "<pyshell>", line 1, in <module>
  TypeError: unsupported operand type(s) for +: 'int' and 'str'
```

對於整數與浮點數物件，除了最常用的加 (+)、減 (-)、乘 (*)、除 (/) 之外，還有求除法的餘數 (%)、及次方 (**)：

```
>>> 5 % 2
1
>>> 5 ** 2
25
```

■ 變數

在 Python 中，**變數**就像是掛在物件上面的名牌，幫物件取名之後，即可方便我們識別物件，其語法為：

```
變數名稱 = 物件
```

例如：

```
>>> n1 = 123456789 ◄── 將整數物件 123456789 取名為 n1
>>> n2 = 987654321 ◄── 將整數物件 987654321 取名為 n2
>>> n1 + n2          ◄── n1 + n2 實際上便是 123456789 + 987654321
1111111110
```

變數命名時只用**英**、**數字**及**底線**來命名，而且第一個字不能是數字。

■ 內建函式

函式 (function) 是一段預先寫好的程式，可以方便重複使用，而程式語言裡面會預先將經常需要的功能以函式的形式先寫好，這些便稱為**內建函式**，您可以將其視為程式語言預先幫我們做好的常用功能。

前面第一章用到的 print() 就是內建函式，其用途就是將物件或是某段程式執行結果顯示到螢幕上：

```
>>> print('abc')   ◄── 顯示物件
  abc

>>> print('abc'.upper())   ◄── 顯示物件方法的執行結果
  ABC

>>> print(111 + 111)   ◄── 顯示物件運算的結果
  222
```

⚠ 在 **Shell** 窗格的交談介面中，單一指令的執行結果會自動顯示在螢幕上，但未來我們執行完整程式時就不會自動顯示執行結果了，這時候就需要 print() 來輸出結果。

■ 匯入模組

既然內建函式是程式語言預先幫我們做好的功能，那豈不是越多越好？理論上內建函式越多，我們寫程式自然會越輕鬆，但實際上若內建函式無限制的增加後，就會造成程式語言越來越肥大，導致啟動速度越來越慢，執行時佔用的記憶體越來越多。

為了取其便利去其缺陷，Python 特別設計了**模組** (module) 的架構，將同一類的函式打包成模組，預設不會啟用這些模組，只有當需要的時候，再用**匯入 (import)** 的方式來啟用。

模組匯入的語法有兩種，請參考以下範例練習：

```
>>> import time   ◄── 匯入時間相關的 time 模組
>>> time.sleep(3) ◄── 執行 time 模組的 sleep() 函式，暫停 3 秒

>>> from time import sleep ◄── 從 time 模組裡面匯入 sleep() 函式
>>> sleep(5)   ◄── 執行 sleep() 函式，暫停 5 秒
```

上述兩種匯入方式會造成執行 sleep() 函式的書寫方式不同, 請您注意其中的差異。

1-5 安裝與設定 D1 mini

學了好多 Python 的基本語法, 終於到了學以致用的時間了, 我們準備用這些 Python 來玩物聯網的實驗囉!

剛剛我們練習寫的 Python 程式都是在個人電腦上面執行, 因為個人電腦缺少對外連接的腳位, 無法用來控制創客常用的電子元件, 所以我們將改用 D1 mini 這個小電腦來執行 Python 程式。

● 下載與安裝驅動程式 (Mac 不需要安裝)

為了讓 Thonny 可以連線 D1 mini, 以便上傳並執行我們寫的 Python 程式, 請先連線 http://www.wch.cn/downloads/CH341SER_EXE.html, 下載 D1 mini 的驅動程式:

下載後請雙按執行該檔案, 然後依照下面步驟即可完成安裝:

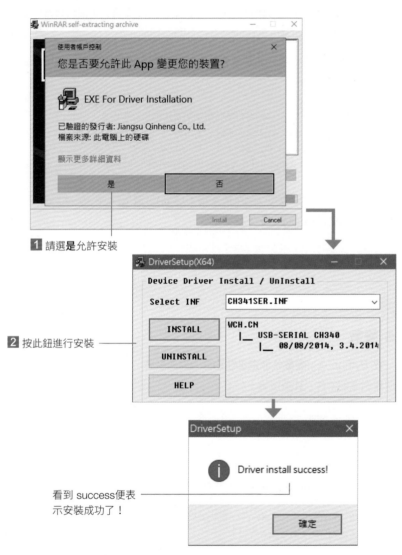

1 請選是允許安裝

2 按此鈕進行安裝

看到 success 便表示安裝成功了!

⚠ 若無法安裝成功, 請參考下一頁, 先將 D1 mini 開發板插上 USB 線連接電腦, 然後再重新安裝一次。

連接 D1 mini

由於在開發 D1 mini 程式之前，要將 D1 mini 開發板插上 USB 連接線，所以請先將 USB 連接線接上 D1 mini 的 USB 孔，USB 線另一端接上電腦：

接著在電腦左下角的開始圖示 ⊞ 上按右鈕執行『**裝置管理員**』命令 (Windows 10 系統)，或執行『**開始 / 控制台 / 系統及安全性 / 系統 / 裝置管理員**』命令 (Windows 7 系統)，來開啟裝置管理員，尋找 D1 mini 板使用的序列埠：

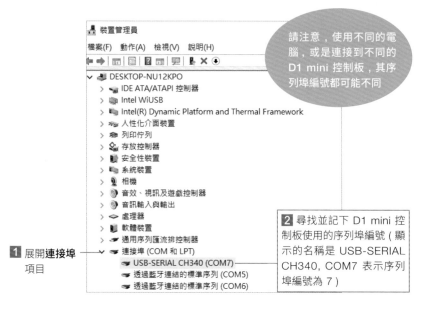

請注意，使用不同的電腦，或是連接到不同的 **D1 mini** 控制板，其序列埠編號都可能不同

1 展開**連接埠**項目

2 尋找並記下 D1 mini 控制板使用的序列埠編號 (顯示的名稱是 USB-SERIAL CH340, COM7 表示序列埠編號為 7)

找到 D1 mini 使用的序列埠後，請如下設定 Thonny 連線 D1 mini：

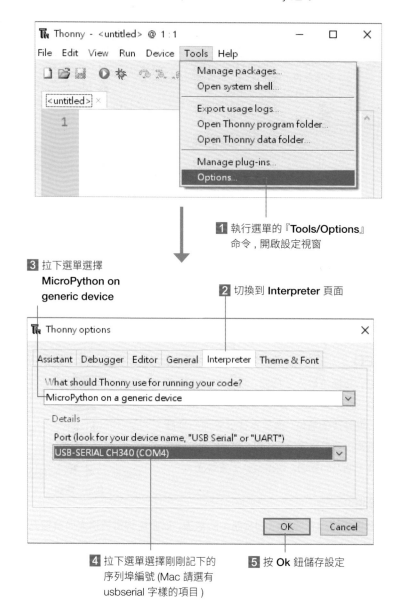

1 執行選單的『**Tools/Options**』命令，開啟設定視窗

2 切換到 **Interpreter** 頁面

3 拉下選單選擇 **MicroPython on generic device**

4 拉下選單選擇剛剛記下的序列埠編號 (Mac 請選有 usbserial 字樣的項目)

5 按 **Ok** 鈕儲存設定

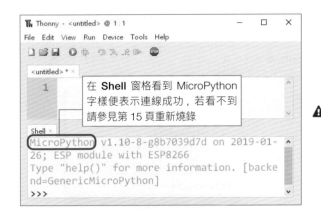

在 **Shell** 窗格看到 MicroPython 字樣便表示連線成功，若看不到請參見第 15 頁重新燒錄

⚠ MicroPython 是特別設計的精簡版 Python，以便在 D1 mini 這樣記憶體較少的小電腦上面執行。

1-6　認識硬體

目前已經完成安裝與設定工作，接下來我們就可以使用 Python 開發 D1 mini 程式了。

由於接下來的實驗要動手連接電子線路，所以在開始之前先讓我們學習一些簡單的電學及佈線知識，以便能順利地進行實驗。

■ LED

LED，又稱為發光二極體，具有一長一短兩隻接腳，若要讓 LED 發光，則需對長腳接上高電位，短腳接低電位，像是水往低處流一樣產生高低電位差讓電流流過 LED 即可發光。LED 只能往一個方向導通，若接反就不會發光。

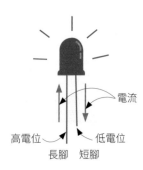

電流

高電位　　低電位
長腳　短腳

■ 電阻

我們通常會用電阻來限制電路中的電流，以避免因電流過大而燒壞元件 (每種元件的電流負荷量不盡相同)。

■ 麵包板

麵包板的表面有很多的插孔。插孔下方有相連的金屬夾，當零件的接腳插入麵包板時，實際上是插入金屬夾，進而和同一條金屬夾上的其他插孔上的零件接通，在本套件實驗中我們就需要麵包板來連接 D1 Mini 與感測器模組。

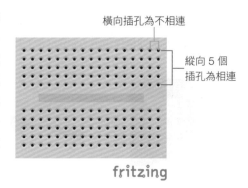

橫向插孔為不相連

縱向 5 個插孔為相連

fritzing

■ 杜邦線與排針

杜邦線是二端已經做好接頭的單心線，可以很方便的用來連接 D1 mini、麵包板、及其他各種電子元件。杜邦線的接頭可以是公頭 (針腳) 或是母頭 (插孔)，如果使用排針可以將杜邦線或裝置上的母頭變成公頭：

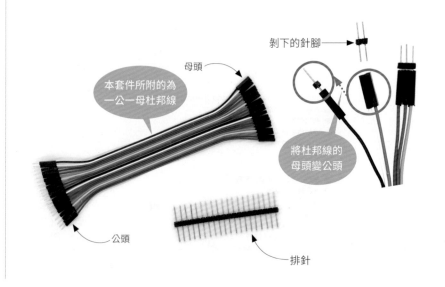

剝下的針腳

母頭

本套件所附的為一公一母杜邦線

將杜邦線的母頭變公頭

公頭

排針

1-7 D1 mini 的 IO 腳位以及數位訊號輸出

在電子的世界中，訊號只分為高電位跟低電位兩個值，這個稱之為**數位訊號**。在 D1 mini 兩側的腳位中，標示為 D0～D8 的 9 個腳位，可以用程式來控制這些腳位是有電還是沒電，所以這些腳位被稱為**數位 IO (Input/Output) 腳位**。

本章會先說明如何控制這些腳位進行數位訊號輸出，下一章會說明如何讓這些腳位輸入數位訊號。

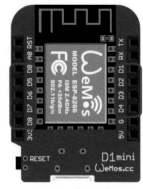

fritzing

在程式中我們會以 1 代表高電位，0 代表低電位，所以等一下寫程式時，若設定腳位的值是 1，便表示要讓腳位高電位，若設定值為 0 則表示低電位。

D1 mini 兩側數位 IO 腳位外部的標示是 D0～D8，但是實際上在 D1 mini 晶片內部，這些腳位的真正編號並不是 0～8，其腳位編號請參見右圖：

fritzing

所以當我們寫程式時，必須用上面的真正編號來指定腳位，才能正確控制這些腳位。

Lab01

點亮/熄滅 LED

實驗目的	用 Python 程式控制 D1 mini 腳位，藉此點亮或熄滅該腳位連接的 LED 燈。
材料	● D1 mini

■ 線路圖

無需接線。

■ 設計原理

為了方便使用者，D1 mini 板上已經內建了一個藍色 LED 燈，這個 LED 的短腳連接到 D1 mini 的腳位 D4 (編號 2 號)，LED 長腳則連接到高電位處。

前一頁提到當 LED 長腳接上高電位，短腳接低電位，產生高低電位差讓電流流過即可發光，所以我們在程式中將 D1 mini 的 2 號腳位設為低電位，即可點亮這個內建的 LED 燈。

為了在 Python 程式中控制 D1 mini 的腳位，我們必須先從 machine 模組匯入 Pin 物件：

```
>>> from machine import Pin
```

前面提到內建 LED 短腳連接的是 D4 腳位，這個腳位在晶片內部的編號是 2 號，所以我們可以如下建立 2 號腳位的 Pin 物件：

```
>>> led = Pin(2, Pin.OUT)
```

上面我們建立了 2 號腳位的 Pin 物件，並且將其命名為 led，因為建立物件時第 2 個參數使用了 **"Pin.OUT"**，所以 2 號腳位就會被設定為輸出腳位。

然後即可使用 value() 方法來指定腳位是否要輸出電：

```
>>> led.value(1)  ◀─── 有電, 高電位
>>> led.value(0)  ◀─── 沒電, 低電位
```

● 程式設計

請在 Thonny 開發環境上半部的程式編輯區輸入以下程式碼，輸入完畢後請按 Ctrl + S 儲存檔案：

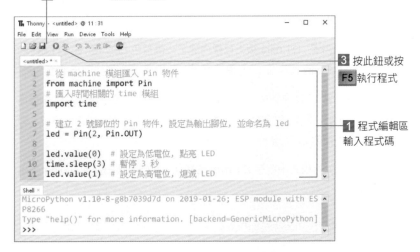

2 按此鈕或按 Ctrl + S 儲存檔案

3 按此鈕或按 F5 執行程式

1 程式編輯區輸入程式碼

⚠ 程式裡面的 # 符號代表註解，# 符號後面的文字 Python 會自動忽略不會執行，所以可以用來加上註記解說的文字，幫助理解程式意義。輸入程式碼時，可以不必輸入 # 符號後面的文字。

● 實測

請按 F5 執行程式，即可看到 LED 點亮 3 秒後熄滅。

1-8 Python 流程控制 (while 迴圈) 與區塊縮排

上一個實驗我們用程式點亮 LED 3 秒後熄滅，如果我們想要做出一直閃爍的效果，該不會要寫個好幾萬行控制有電沒電的程式吧？！

當然不是！如果需要重複執行某項工作，可利用 Python 的 while 迴圈來依照條件重複執行。其語法如下：

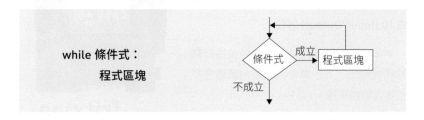

while 條件式：
程式區塊

while 會先對條件式做判斷，如果條件成立，就執行接下來的程式區塊，然後再回到 while 做判斷，如此一直循環到條件式不成立時，則結束迴圈。

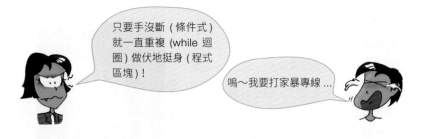

只要手沒斷 (條件式) 就一直重複 (while 迴圈) 做伏地挺身 (程式區塊)！

嗚～我要打家暴專線…

通常我們寫程式控制硬體時，大多數的狀況下都會希望程式永遠重複執行，此時條件式就可以用 **True** 這個關鍵字來代替，True 在 Python 中代表『成立』的意義。

⚠ 關鍵字是 Python 保留下來有特殊意義的字。

例如我們要做出內建 LED 一直閃爍的效果，便可以使用以下程式碼：

```
while True:            # 一直重複執行
    led.value(0)       # 點亮 LED
    time.sleep(0.5)    # 暫停 0.5 秒
    led.value(1)       # 熄滅 LED
    time.sleep(0.5)    # 暫停 0.5 秒
```

請注意！如上所示，屬於 while 的程式區塊要『以 4 個空格向右縮排』，表示它們是屬於上一行 (while) 的區塊，而其他非屬 while 區塊內的程式『不可縮排』，否則會被誤認為是區塊內的敘述。

其實 Python 允許我們用任意數量的空格或定位字元 (Tab) 來縮排，只要同一區塊中的縮排都一樣就好。不過建議使用 4 個空格，這也是官方建議的用法。

區塊縮排是 Python 的特色，可以讓 Python 程式碼更加簡潔易讀。其他的程式語言大多是用括號或是關鍵字來決定區塊，可能會有人寫出以下程式碼：

就像寫作文規定段落另起一行並空格一樣，在區塊縮排強制性規範之下，

沒有縮排全都擠在一起的程式碼

Python 程式碼便能維持一定基本的易讀性。

Lab02

閃爍 LED

實驗目的	用 Python 的 while 迴圈重複執行 LED 的控制程式, 使其每 0.5 秒閃爍一次。
材料	● D1 mini

■ 線路圖

無需接線。

■ 程式設計

請在 Thonny 開發環境上半部的程式編輯區輸入以下程式碼，輸入完畢後請按 Ctrl + S 儲存檔案：

```
01 # 從 machine 模組匯入 Pin 物件
02 from machine import Pin
03 # 匯入時間相關的 time 模組
04 import time
05
06 # 建立 2 號腳位的 Pin 物件, 設定為輸出腳位, 並命名為 led
07 led = Pin(2, Pin.OUT)
08
09 while True:            # 一直重複執行
10     led.value(0)       # 點亮 LED
11     time.sleep(0.5)    # 暫停 0.5 秒
12     led.value(1)       # 熄滅 LED
13     time.sleep(0.5)    # 暫停 0.5 秒
```

■ 實測

請按 F5 執行程式，即可看到 LED 每 0.5 秒閃爍一次。

⚠ 如果想要讓程式在 D1 mini 開機自動執行，請在 Thonny 開啟程式檔後，執行選單的『Device/Upload current script as main script』命令。若想要取消開機自動執行，請上傳一個空的程式即可。

軟體補給站！ 安裝 MicroPython 到 D1 mini 控制板

如果你從市面上購買新的 D1 mini 控制板，預設並不會幫您安裝 MicroPython 環境到控制板上，請依照以下步驟安裝：

1. 請依照第 1-5 節下載安裝 D1 mini 控制板驅動程式，並檢查連接埠編號。
2. 請至 http://www.flag.com.tw/download.asp?FM617B 下載範例檔案後解開壓縮檔。
3. 執行解開的範例中『燒錄韌體』資料夾下的『燒錄韌體 .bat』：

1 填入前面檢視查得的連接埠編號

2 開始安裝步驟

3 安裝完成，可關閉視窗結束安裝程序。

MEMO

防盜即時警報器

手機簡訊、LINE 即時通知

我們將使用震動感測模組來設計一個防盜警報器, 一旦震動感測模組偵測到入侵者的時候, 就會立刻透過手機簡訊或 LINE 即時通知我們, 這樣出門在外也可以透過手機隨時收到安全警訊。

2-1　認識震動感測模組

我們將使用以下的震動感測模組來偵測入侵者:

　　裡面有滾珠, 模組會利用滾珠來偵測是否有震動

　　此旋鈕可以修改偵測靈敏度, 順時針旋轉可增加靈敏度, 反之則降低靈敏度

　　當模組感應到振動時, DO 腳位會輸出高電位。只要將這個振動感測模組放在保險箱、抽屜內, 當有人翻找物品的話, 模組就會感測振動輸出高電位, 此時就立刻送出警報通知到我們手機。

Lab03

讀取振動感測模組的輸入值

實驗目的	用程式讀取振動感測模組的輸入值, 藉以判斷是否正在振動。
材料	● D1 mini　　● 震動感測模組

■ 線路圖

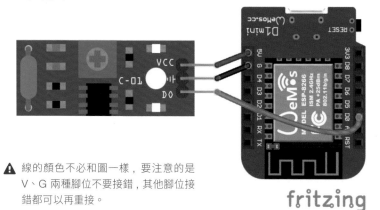

⚠ 線的顏色不必和圖一樣, 要注意的是 V、G 兩種腳位不要接錯, 其他腳位接錯都可以再重接。

fritzing

設計原理

當我們建立腳位的 Pin 物件時，可用 "Pin.IN" 作為參數，設定這個腳位為輸入腳位：

```
>>> from machine import Pin
>>> shock = Pin(16, Pin.IN)
```

上面我們建立了 16 號 (D0) 腳位的 Pin 物件，並且將其命名為 shock，因為建立物件時使用了 "Pin.IN" 參數，所以 16 號腳位就會被設定為輸入腳位。

建立好輸入腳位的 Pin 物件後，便可以使用 value() 方法來讀取外部裝置輸出的電位高低：

```
>>> shock.value()
0                    ← 讀到 0 表示外部裝置輸出低電位
>>> shock.value()
1                    ← 讀到 1 表示外部裝置輸出高電位
```

振動感測模組偵測到振動會輸出高電位，所以若讀到 1 便代表有振動了。

程式設計

```
01 from machine import Pin
02 import time
03
04 # 建立 16 號腳位的 Pin 物件，設定為輸入腳位，並命名為 shock
05 shock = Pin(16, Pin.IN)
06
07 while True:
08     # 用 value() 方法從 16 號腳位讀取按鈕輸出的高低電位
09     # 然後將讀到的值用 print() 輸出
10     print(shock.value())
11
12     # 暫停 0.05 秒
13     time.sleep(0.05)
```

實測

請按 F5 執行程式，然後用手搖動振動感測模組，在 Thonny 的 Shell 窗格觀察程式輸出的值：

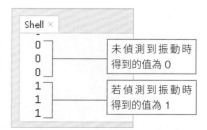

未偵測到振動時得到的值為 0

若偵測到振動時得到的值為 1

2-2 發送手機簡訊

為了透過手機簡訊傳送感測器的資訊，我們將使用簡訊服務廠商的 API 來發送簡訊。

1 請連線 https://twsms.com 如下操作加入會員：

1 按申請帳號

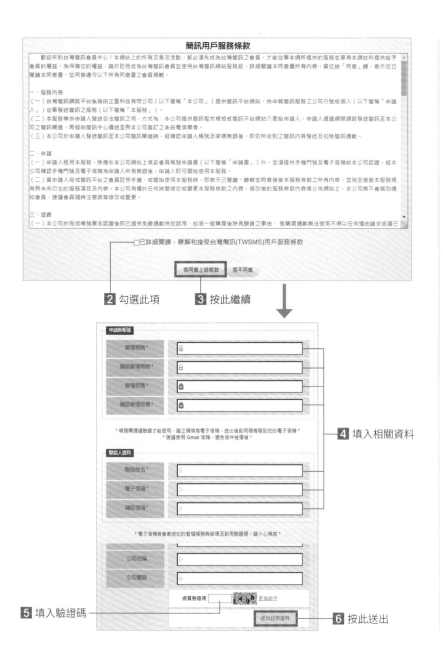

2 註冊後會收到如下內容的啟用郵件：

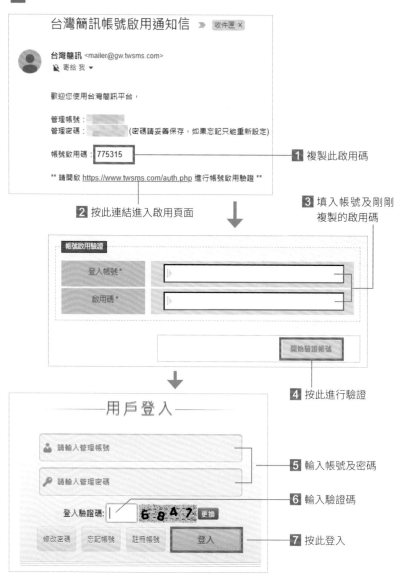

3 驗證後需要進行實名認證才能使用此服務發送簡訊：

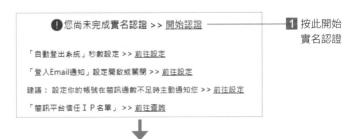

1 按此開始
實名認證

您的帳號尚未實名認證

◎NCC/電信業者規範簡訊平台需加強驗證申請人真實性，
◎完成實名認證後系統自動啟用購買簡訊點數權限，
◎驗證步驟分為【簡訊驗證】與【門號驗證】，
◎【簡訊驗證】發送6個數字的驗證碼到您的手機，
◎【門號驗證】由手機裝置使用拍照功能掃描QRCODE，
◎完成以上兩種驗證將贈送50點簡訊點數以供測試，
◎門號驗證服務由【臺灣網路認證股份有限公司】提供，
◎本系統僅支援【月租型門號】，預付卡門號/企業門號無法使用。
◎請輸入以下資料開始進行驗證。

申請人姓名：	
申請人手機門號：	
再次確認手機門號：	
申請人身份證字號：	
再次確認身份證字號：	

2 請填入手機
門號所有人
相關資料

* 請確認填寫的身份證字號與手機門號裝置為同一人，
* 避免因資料不正確無法進行【門號驗證】。

詳細閱讀門號認證約定條款與隱私權條款

☐已詳細閱讀

3 勾選此項

進行簡訊驗證

4 按此繼續

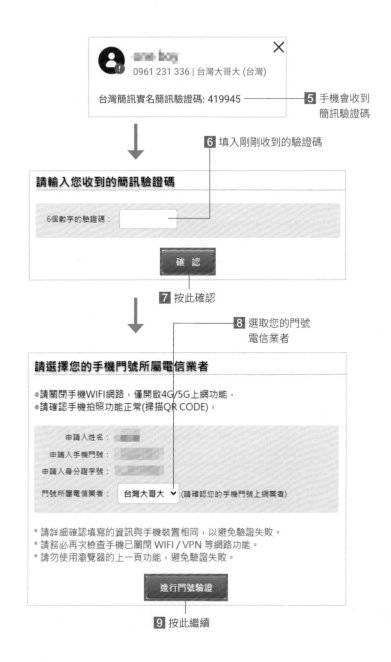

5 手機會收到
簡訊驗證碼

6 填入剛剛收到的驗證碼

請輸入您收到的簡訊驗證碼

6個數字的驗證碼： [   ]

確認

7 按此確認

8 選取您的門號
電信業者

請選擇您的手機門號所屬電信業者

◎請關閉手機WIFI網路，僅開啟4G/5G上網功能，
◎請確認手機拍照功能正常(掃描QR CODE)，

申請人姓名：	
申請人手機門號：	
申請人身分證字號：	
門號所屬電信業者：	台灣大哥大 ∨ (請確認您的手機門號上網業者)

* 請詳細確認填寫的資訊與手機裝置相同，以避免驗證失敗。
* 請務必再次檢查手機已關閉 WIFI / VPN 等網路功能。
* 請勿使用瀏覽器的上一頁功能，避免驗證失敗。

進行門號驗證

9 按此繼續

10 勾選此項

11 按此繼續

12 按此繼續

13 請用手機掃描此 QR Code

14 請先關閉你的 Wi-Fi 連線，
然後按此使用行動網路進行驗證

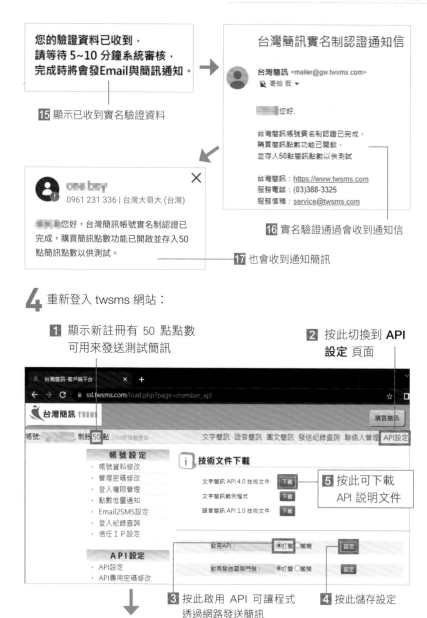

15 顯示已收到實名驗證資料

16 實名驗證通過會收到通知信

17 也會收到通知簡訊

4 重新登入 twsms 網站：

1 顯示新註冊有 50 點點數
可用來發送測試簡訊

2 按此切換到 API
設定 頁面

5 按此可下載
API 說明文件

3 按此啟用 API 可讓程式
透過網路發送簡訊

4 按此儲存設定

21

6 文件中會說明 API
的網址格式

⚠ 不同廠商 API 連線的 HTTP 網址格式皆不相同，若您使用其他廠商的話，請自行參閱該廠商網站提供的說明文件。

網路介面	說明
network.STA_IF	工作站 (station) 介面，專供連上現有的 Wi-Fi 無線網路基地台，以便連上網際網路
network.AP_IF	熱點 (access point) 介面，可以讓 D1 mini 變成無線基地台，建立區域網路

由於我們需要讓 D1 mini 連上網際網路擷取資訊，所以必須使用**工作站介面**。取得無線網路物件後，要先啟用網路介面：

```
>>> sta_if.active(True)
```

參數 True 表示要啟用網路介面；如果傳入 False 則會停用此介面。接著，就可以嘗試連上無線網路：

```
>>> sta_if.connect('無線網路名稱', '無線網路密碼')
```

其中的 2 個參數就是無線網路的名稱與密碼，請注意大小寫，才不會連不上指定的無線網路。例如，若我的無線網路名稱為 'FLAG'，密碼為 '12345678'，只要如下呼叫 connect() 即可連上無線網路：

```
>>> sta_if.connect('FLAGS', '12345678')
```

為了避免網路名稱或是密碼錯誤無法連網，導致後續的程式執行出錯，通常會在呼叫 connect() 之後使用 isconnected() 函式確認已經連上網路，例如：

```
>>> while not sta_if.isconnected():
        pass

>>>
```

2-3　D1 mini 控制板連線 WiFi 網路

因為簡訊服務網站屬於外部網站，D1 mini 必須連上網際網路，才能連到簡訊服務網站利用其服務發送簡訊，所以接下來將說明如何用 Python 程式設定 D1 mini 連上 WiFi。

要使用網路，首先必須匯入 **network 模組**，利用其中的 **WLAN 類別**建立控制無線網路的物件：

```
>>> import network
>>> sta_if = network.WLAN(network.STA_IF)
```

在建立無線網路物件時，要注意到 D1 mini 有 2 個網路介面：

上例中的 pass 是一個特別的敘述，它的實際效用是**甚麼也不做**，當你必須在迴圈中加入程式區塊才能維持語法的正確性時，就可以使用 pass，由於它甚麼也不會做，就不必擔心會造成任何意料外的副作用。上例就是持續檢查是否已經連上網路，如果沒有，就用 pass 往迴圈下一輪繼續檢查連網狀況。

⚠ pass 的由來就是玩撲克牌遊戲無牌可出要跳過這一輪時所喊的 pass。

連上 WiFi 後便可以連線簡訊服務網站使用其簡訊發送服務。

Lab04

防盜即時簡訊通知

實驗目的	利用振動感測模組感應是否有振動, 若有則發送簡訊到手機。
材料	● D1 mini　　● 振動感測模組

線路圖

同 Lab03

設計原理

在 Python 中有個 requests 模組可以讓我們的程式扮演瀏覽器的角色，連線網站使用各式各樣的網路服務，不過因為 D1 mini 控制板的記憶體比較少，所以在 MicroPython 中提供的是精簡版的 urequests 模組，名稱開頭的 "u" 是 "micro" 的意思。只要匯入此模組，即可使用該模組提供的 get() 連線網路服務：

```
>>> import urequests    ◄── 匯入 urequests 模組
>>> urequests.get("https://flagtech.github.io/flag.txt")  ◄──
                                                  連線網址
```

所以稍後我們將寫程式用 urequests.get() 連線 2-2 節最後看到的簡訊服務 API 網址，即可透過簡訊將感測器的資訊傳送到我們手機。

程式設計

```python
01 from machine import Pin
02 import time, network, urequests
03
04 # 連線 Wifi 網路
05 sta_if = network.WLAN(network.STA_IF)
06 sta_if.active(True)
07 sta_if.connect("Wifi基地台", "Wifi密碼")
08 while not sta_if.isconnected():
09     pass
10 print("Wifi已連上")
11
12 username = "簡訊服務帳號"
13 passwd = "簡訊服務密碼"
14 phone = "接收簡訊的手機號碼"
15 message = "有人打開保險箱在翻找東西，趕快去抓小偷！" # 請勿輸入空格
16
17 # 建立 16 號腳位的 Pin 物件，設定為輸入腳位，並命名為 shock
18 shock = Pin(16, Pin.IN)
19
20 while True:
21     if shock.value() == 1:
22         print("感應到振動!")
23
24         # 連線簡訊服務發送簡訊通知
25         urequests.get(
26             "http://api.twsms.com/json/sms_send.php?username="
27             + username + "&password=" + passwd
28             + "&mobile=" + phone + "&message=" + message)
29
30         # 暫停 60 秒，避免短時間內一直收到重複的警報
31         time.sleep(60)
```

◉ 請依照您的環境修改程式第 7 行中的『Wifi 基地台』、『Wifi 密碼』等設定

◉ 請依照 2-2 節申請簡訊服務帳戶時輸入的資料，修改程式第 12、13 行的『簡訊服務帳號』、『簡訊服務密碼』等設定

◉ 請修改程式第 14 行的『接收簡訊的手機號碼』，輸入您的手機號碼

◉ 程式第 15 行的簡訊內容可以任意修改，但請注意不要輸入空格

■ 實測

請按 F5 執行程式，然後用手搖動振動感測模組，可以在 Thonny 的 Shell 窗格看到程式輸出 " 感應到振動!"，接著稍等片刻您的手機應該就會收到簡訊通知。

軟體補給站 ✏️ **使用其他簡訊服務廠商**

不同的簡訊服務廠商會有不同的 API，所以只要閱讀廠商的文件，了解其 API 的 HTTP 連線格式，然後修改程式內 urequests.get() 連線的網址即可。

程序

Ⓐ   Ⓑ

請先到 IFTTT 網站 (https://ifttt.com) 註冊成會員：

1 點擊 Sign up

2 可以用 Google 或 Facebook 帳號註冊，或者用其他信箱。我們選擇用其他信箱，點選下方 **sign up**：

3 輸入 Email 信箱作為會員帳號

4 輸入會員密碼   5 點選 **Sign up** 完成註冊

2-4 使用 IFTTT 發送 LINE 通知

LINE 已經深入我們的生活，成為每個人手機上不可或缺的通訊 App。我們將使用 IFTTT 的服務，將感測器的資訊透過 LINE 即時通知我們，LINE 通知是完全免費的，沒有任何數量限制。

IFTTT 是英文 "IF This, Then That" 的縮寫，其服務的精神就是『如果 A 然後就 B 』。我們希望如果偵測到振動 (Ⓐ) 就發一個 Line 通知給我們 (Ⓑ)，這樣的規則稱為一個程序：

註冊完畢後，請如下設定 LINE 通知功能：

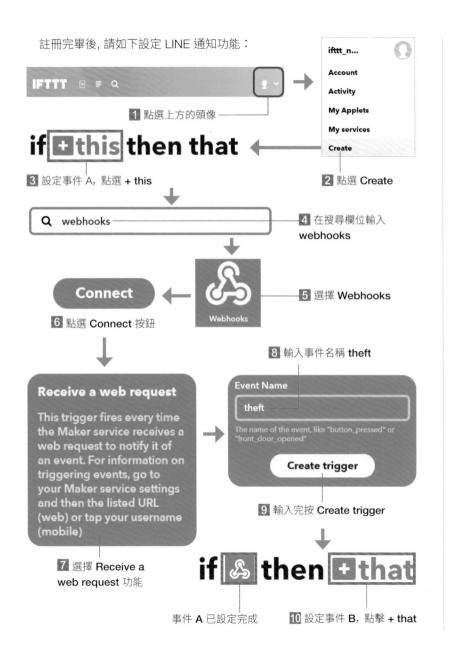

1 點選上方的頭像

2 點選 Create

3 設定事件 A，點選 + this

4 在搜尋欄位輸入 webhooks

5 選擇 Webhooks

6 點選 Connect 按鈕

7 選擇 Receive a web request 功能

8 輸入事件名稱 theft

9 輸入完按 Create trigger

事件 A 已設定完成

10 設定事件 B，點擊 + that

請如下設定事件 B：

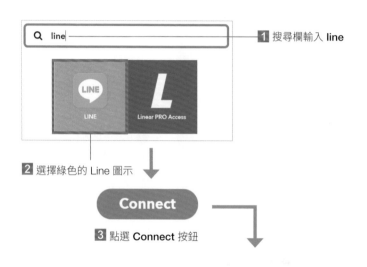

1 搜尋欄輸入 line

2 選擇綠色的 Line 圖示

3 點選 Connect 按鈕

4 登入 LINE 的帳號碼密碼

5 同意 IFTTT 連動 LINE 帳號

6 完成連動後，選擇 Send message 動作

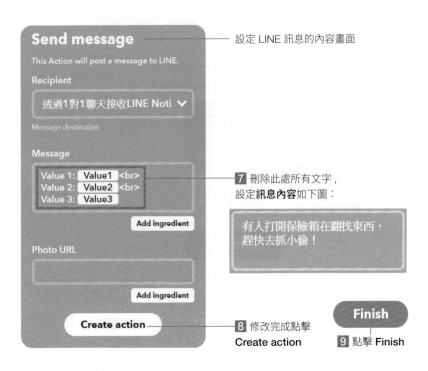

設定 LINE 訊息的內容畫面

7 刪除此處所有文字，設定**訊息內容**如下圖：

有人打開保險箱在翻找東西，趕快去抓小偷！

8 修改完成點擊 Create action

9 點擊 Finish

看到如下畫面即完成，接下來我們要試試手動發出請求給 IFTTT 網站，讓它發一個 LINE 訊息給我們：

1 點擊左上圖示

2 點擊右上方的 Documentation 按鈕

Documentation 頁面中，可以看到我們的 **key** 與 **HTTP 請求網址**：

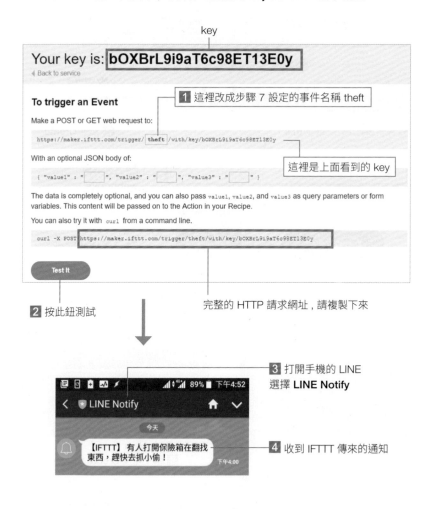

key

1 這裡改成步驟 7 設定的事件名稱 theft

這裡是上面看到的 key

2 按此鈕測試

完整的 HTTP 請求網址，請複製下來

3 打開手機的 LINE 選擇 **LINE Notify**

4 收到 IFTTT 傳來的通知

請將上述的 HTTP 請求網址複製下來，隨後我們撰寫程式時會需要用到。

Lab05

防盜即時 LINE 通知

實驗目的	利用振動感測模組感應是否有振動, 若有則發送通知到手機的 LINE App。
材料	● D1 mini　● 振動感測模組

■ 線路圖

同 Lab03

■ 程式設計

```
01 from machine import Pin
02 import time, network, urequests
03
04 # 連線 Wifi 網路
05 sta_if = network.WLAN(network.STA_IF)
06 sta_if.active(True)
07 sta_if.connect("Wifi基地台", "Wifi密碼")
08 while not sta_if.isconnected():
09     pass
10 print("Wifi已連上")
11
12 # 建立 16 號腳位的 Pin 物件, 設定為輸入腳位, 並命名為 shock
13 shock = Pin(16, Pin.IN)
14
15 while True:
16     if shock.value() == 1:
17         print("感應到振動!")
18
19         # 連線 IFTTT 服務發送簡訊通知
20         urequests.get("IFTTT的HTTP請求網址")
21
22         # 暫停 60 秒, 避免短時間內一直收到重複的警報
23         time.sleep(60)
```

⚠ 請依照您的環境修改程式中的『Wifi 基地台』、『Wifi 密碼』等設定, 另外『IFTTT 的 HTTP 請求網址』請輸入 2-4 節最後取得的 HTTP 請求路徑, 請務必記得將開頭的 "https" 更改為 "http"。

上面輸入的 HTTP 請求路徑, 請務必記得將開頭的 "https" 更改為 "http", 因為 IFTTT 網站的 HTTPS 通訊連線的初始傳輸資料過大, 會導致 MicroPython 出現 TLS buffer overflow 的錯誤,

TLS buffer overflow 錯誤

```
Shell ×
>>> urequests.get("https://maker.ifttt.com/trigg
    er/fire/with/key/AOXBrL9i9aT6c98ET13E0y")
TLS buffer overflow, record size: 5143 (+5)
ssl_handshake_status: -257
Traceback (most recent call last):
    File "<stdin>", line 1, in <module>
    File "urequests.py", line 112, in get
    File "urequests.py", line 100, in request
    File "urequests.py", line 60, in request
OSError: [Errno 5] EIO
```

若遇到以上的錯誤, 只要改用 http 通訊就不會有問題了。

MEMO

CHAPTER 03

PM2.5 空污警報燈
Open Data 網路爬蟲

PM2.5 等空污對健康的影響已經逐漸被大家重視, 本章我們將使用網路上的資料, 定時取得目前空污指數, 若空污嚴重時便立刻亮起空污警報燈。

3-1 AQI 空氣品質指標

AQI (Air Quality Index, 空氣品質指標) 是整合了細懸浮微粒 (PM2.5)、懸浮微粒 (PM10)、臭氧 (O3)... 等多種污染物的濃度, 用來描述空氣品質的狀況, AQI 數值越高代表汙染越嚴重。

我們可以透過 World's Air Pollution:Real-time Air Quality Index 網站 (簡稱 WAQI) 取得全世界各觀測站的 AQI 指數, 請連線 https://waqi.info/, 如下操作即可取得特定觀測站的 AQI 指數:

1 移到台灣地區

2 滑鼠移到特定觀測站圖示上

3 會出現即時的 AQI 指數 (此例為士林站)

4 按一下觀測站圖示, 會進入詳細頁面

可如同 Google 地圖操作移動或縮放

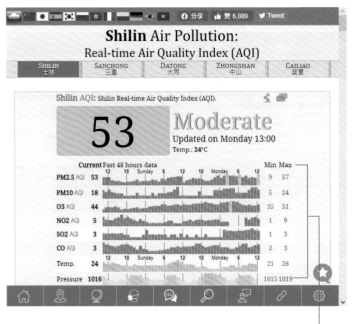

可以看到歷史資料及其他觀測項目

3-2 用程式取得網路資料

WAQI 網站也提供有 API 方便我們用程式取得 AQI 指數：

1 在前一節看到的觀測站詳細頁面往下捲

2 點一下 **Cloud API** 或直接連線至 https://aqicn.org/api/

3 點此連結申請權杖 (Token)

4 填入 email 及姓名

5 按此鈕送出

系統會送出確認信到你剛剛註冊的 email 帳號，你會收到這樣的信：

6 按一下確認後會轉至 WAQI 網站

7 這是你的權杖

8 這是取得 AQI 指數的網址範例 (此例為中國北京站)

這裡可以看到 AQI 指數

只要使用 urequests.get() 來連線剛剛取得的網址，就可以得知我們所在地當天的 AQI 空污指數：

```
>>> import urequests
>>> res = urequests.get("http://api.waqi.info/feed/taiwan/shihlin/?token=d08147c688ce823984d8a42281bdc01f7e3c3a53")
>>> print(res.text)
{"status":"ok", "data":{"aqi":44, "idx":1596,
"attributions":[{"url":"http://www.epa.ov.tw/", "name":"TAQM
- Taiwan Environmental Protection Agency (行政院環保署－空氣品質監測網)", "logo":
...
```

剩下的問題就是要如何用 Python 程式從看起來很複雜的文字中，擷取出我們真正需要的資訊，例如其中的 AQI 指數。

上面網址中是以中國的北京觀測站為例，若要改成其他觀測站，請依照前面的操作程序，進入特定觀測站的詳細頁面，以下仍以士林站為例：

網址中 city/ 之後就是觀測站的名稱，此例為士林站

請複製上述觀測站名稱，並替換掉範例網址中的 beijing，例如：

https://api.waqi.info/feed/**taiwan/shihlin**/?token=你的權杖

請記得替換成你剛剛取得的權杖將完整網址鍵入瀏覽器網址列：

3-3 JSON 資料格式解析

上一節取得的資料使用名為 JSON 的文字格式，JSON 的全名是 JavaScript Object Notation, 原本是 JavaScript 程式語言中以文字形式描述物件內容的格式，由於簡單易用，現在變成呈現多層結構資料的常見格式。

■ JSON 資料的結構

我們先來看一下原始資料：

```
{"status":"ok", "data":{"aqi":44, "idx":1596,
"attributions":[{"url":"http://www.epa.ov.tw/", "name":"TAQM
- Taiwan Environmental Protection Agency (行政院環保署—空
氣品質監測網)", "logo":"Taiwan-EPA.png"}, {"url":"https://
waqi.info/", "name":"World Air Quality Index Project"}],
"city":{"geo":[25.105417, 121.515389], "name":"Shilin, Taiwan
(士林)",
...
```

由於沒有妥善編排成適合閱讀的格式，並不容易看出其內容，網路上有些服務可以協助我們觀看 JSON 格式的資料，請連線 https://codebeautify. org/jsonviewer 然後如下操作：

1 連線網址 https://codebeautify.org/jsonviewer

2 參見上一節取得的 JSON 格式資料，然後在這裡貼上

3 按此鈕　　**5** 按 Tree Viewer 鈕　　**6** 按此鈕展開　　**7** 這是空污資料的資料結構

4 原本的文字會重新編排，清楚展現資料層級結構的樣貌

此欄位是目前的 AQI 空污指數

⚠ 關於空污資料各欄位的意義，請參見 https://aqicn.org/json-api/doc/。

經過編排整理後，我們可以看到整個資料包含了一個物件，物件內有 2 個欄位，status 欄位表示是否正確取得 AQI 指數，'ok' 表示正確；data 欄位則有 9 個與 AQI 指數相關的欄位：

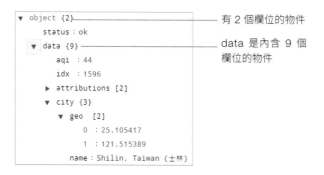

有 2 個欄位的物件

data 是內含 9 個欄位的物件

■ 使用程式解讀 JSON 資料

為了解讀 JSON 格式的資料，urequests 模組提供了 json() 方法可以解析 JSON 格式，從文字形式轉換成 Python 內部使用的資料結構，使用方法非常簡單，以下假設 res 是使用 urequests.get() 取回的 JSON 格式 AQI 資料：

```
>>> j = res.json()              ◀──載入並解析 JSON 格式資料
>>> print(j['data']['aqi'])     ◀──從 data 物件取得 aqi 欄位的資料
44
>>> print(j['data']['city']['name']) ◀──從 data 物件取得 city
Shilin, Taiwan (士林)                   欄位物件的 name 欄位資料
```

json() 會將 JSON 資料中的陣列轉換為 Python 的串列 (list)，而 JSON 資料中的物件則會轉換為 Python 的字典 (dictionary)，所以我們只要用串列與字典的存取語法，即可將特定欄位的資料取出使用。

我們已經能夠在程式中取得特定地點的空污指數，接下來就可以搭配 LED 燈來製作空污警報燈了。

3-4 用 PWM 控制 RGB 三色 LED

> **軟體補給站！** Python 資料結構：串列 (list) 與字典 (dictionary)

在 Python 語言中，『串列 (list)』就像一個容器，可以讓您放置多項資料，這些資料稱為『元素 (element)』，會依序排列放置，其存取的語法如下：

```
>>> a = [16, 14, 12, 13, 15, 5, 4]  ◀── 以中括號表示串列
>>> a[0]◀── 取得第一個元素 (從 0 起算)
16
>>> a[1]
14
```

接下頁 ▶

Python 的『字典 (dictionary)』也是一種能夠存放多個元素的容器，但是每一個元素都具有獨一無二的名字 (key)，可以用名字來取得對應的資料 (value)。當我們要取出值時，必須使用 key 來取出對應的 value，例如：

```
>>> ages = { "Mary":13, "John":14 }
```

上述範例中用大括號 "{}" 標示的就是字典，此例建立了名稱為 ages 的字典，在這個字典中有 2 項元素，元素間以逗號相隔，每 1 項元素都以『key:value』的格式表示，例如第 1 項元素的 key 為 "Mary"，它的 value 為 13。
若要取出字典中的資料，必須如下透過 key 來存取：

```
>>> ages["Mary"]
13
>>> ages["John"]
14
```

RGB 三色 LED 是把紅、藍、綠三個 LED 包裝成一顆 LED，我們可以個別控制其發光，因此三色 LED 除了能夠單獨發出紅、綠、藍三種色光外，還可混搭出各種顏色的光。如果同時發出等亮的紅綠藍三種色光，則可產生白光。

第 1 章我們曾經說明 LED 的發光方式是長腳接高電位，短腳接低電位，像水往低處流一樣產生高低電位差，讓電流流過 LED 即可發光。若是長腳連接的電壓越高，LED 發出的光就會越亮。

RGB 三個腳位分別控制紅、綠、藍 3 個色光

但是在電子數位的世界裡面，狀態只有 0/1 (無 / 有、關 / 開) 兩種，因此 D1 mini 控制板上的 IO 腳位電壓輸出只能有 0V 與 3.3V 兩種，為了要控制 LED 的亮度，我們將採用 **PWM (Pulse Width Modulation, 脈波寬度調變)**。

PWM 的概念很簡單，數位世界只有 0/1，所以只有高、低電位兩種變化，但是我們可以加上時間因素，以通電時間的長短來呈現強弱的概念。

當同樣單位時間內 LED 通電的時間較久，LED 的亮度會較高；反之就會讓 LED 的亮度變低。也就是說只要以 PWM 改變單位時間內的通電時間，即可模擬輸出不同電壓的電流，因而讓 LED 有不同的亮度。

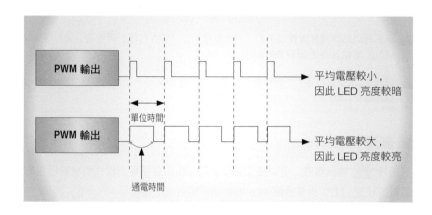

由於 PWM 是不斷的在高、低電位間切換，也就是說 LED 實際上是不斷在通電、斷電間切換，若切換的速度 (頻率) 很快，感覺就會像是輸出連續的電力。

設定 PWM 時，PWM 是以百分比 (稱為 Duty Cycle，**負載率**，亦稱**佔空比**) 來表示。例如 D1 mini 的 PWM 最大值為 1023，若是設定 PWM 值為 818，則負載率等於 818÷1023 約為 80%，表示該腳位 80% 的時間是高電位。

Lab06

PM2.5 空氣品質警報站

實驗目的	利用從 WAQI 取得的空污資料，依據 AQI 指數顯示燈號。
材料	● D1 mini　　　● RGB 三色 LED

■ 線路圖

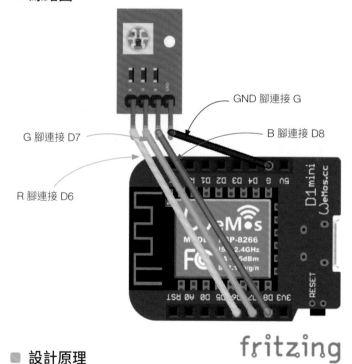

GND 腳連接 G

B 腳連接 D8

G 腳連接 D7

R 腳連接 D6

■ 設計原理

當我們建立腳位的 Pin 物件後，將這個 Pin 物件作為參數再建立 PWM 物件，便可以設定這個腳位為 PWM 輸出腳位：

```
>>> from machine import Pin, PWM
>>> led = PWM(Pin(15))
```

然後即可使用 duty() 方法來指定 PWM 的輸出值：

```
>>> led.duty(1023)  ◀──── 設定 PWM 輸出值為 1023 (最亮)
>>> led.duty(0)     ◀──── 設定 PWM 輸出值為 0 (最暗)
```

本章的 LED 是短腳連接低電位，長腳連接 D6～D8 腳位，與第 1 章的 LED 不同，所以寫程式時應該設定 D6～D8 腳位為高電位，才能點亮 LED。而且用 PWM 輸出數值越高，代表電位越高，亮度就會越亮。

■ 程式設計

```
01 from machine import Pin, PWM
02 import time, network, urequests
03
04 # 連線 Wifi 網路
05 sta_if = network.WLAN(network.STA_IF)
06 sta_if.active(True)
07 sta_if.connect("Wi-Fi 基地台", "Wi-Fi 密碼")
08 while not sta_if.isconnected():
09     pass
10 print("Wifi 已連上")
11
12 rLED = PWM(Pin(12))  # 控制紅燈
13 gLED = PWM(Pin(13))  # 控制綠燈
14 bLED = PWM(Pin(15))  # 控制藍燈
15
16 while True:
17     # 取得 AQI 空污指數
18     res = urequests.get("AQI 網址")
19     j = res.json()  # 載入並解析 JSON 格式資料
20     print("測站名稱:", j['data']['city']['name'])
21     print("發布時間:", j['data']['time']['s'])
22     print("AQI:", j['data']['aqi'])
23     print("PM2.5:", j['data']['iaqi']['pm25']['v'])
24
25     AQI = j['data']['aqi']  # 取得 AQI 空污指數
26
27     if AQI <= 50:
28         gLED.duty(1023); rLED.duty(0)     # 空氣品質良好顯示綠燈
29     elif 51 < AQI <= 100:
30         gLED.duty(300); rLED.duty(1023)   # 空氣品質普通顯示黃燈
31     else:
32         gLED.duty(0); rLED.duty(1023)     # 空氣品質不佳顯示紅燈
33
34     time.sleep(1800)  # 每半小時更新一次燈號
```

⚠ 請依照您的環境修改程式中的『Wifi 基地台』、『Wifi 密碼』等設定，另外『AQI 網址』請輸入 3-2 節取得的網址。

⚠ 關於 AQI 指數數字大小對健康的影響，請參見 https://taqm.epa.gov.tw/taqm/tw/b0201.aspx。

■ 實測

請按 F5 執行程式，可以在 Thonny 的 Shell 窗格看到程式輸出當日空氣品質的狀況，LED 也會依照 AQI 指數顯示相對應的燈號。

```
互動環境(Shell) ×

>>> %Run -c $EDITOR_CONTENT

Wifi已連上
測站名稱: Shilin, Taiwan (士林)
發布時間: 2020-10-19 15:00:00
AQI: 46
PM2.5: 30
```

CHAPTER 04

RFID 刷卡紀錄
雲端資料庫

本章我們會將硬體感測器的資料送上雲端資料庫儲存, 這樣一來, 不但可以長期觀測資料, 進一步分析資料, 而且只要使用者有瀏覽器, 不論是使用 PC、智慧型手機、平板電腦, 都可以即時觀看資料。

4-1 認識 RFID 感測模組

我們準備使用以下 RFID 感測模組來製作一個刷卡系統, 用來紀錄小孩每天到家的時間。

感應天線

市面上常見的 RFID 感測模組有兩種頻率, 分別是 125khz 與 13.56MHZ, 我們使用的是 13.56MHZ, 這個頻率與悠遊卡相同, 所以我們的模組可以用來讀取悠遊卡的卡號。

本套件隨附了一個白色的 RFID 卡片以及藍色的 RFID 鑰匙圈, 您可以使用本套件的 RFID 卡片或鑰匙圈來刷卡, 也可以使用您自己的悠遊卡來刷卡。刷卡後 RFID 感測模組會將卡號傳給 D1 mini 控制板, D1 mini 控制板隨之將卡號送到雲端資料庫儲存, 即可完成一個雲端的刷卡系統。

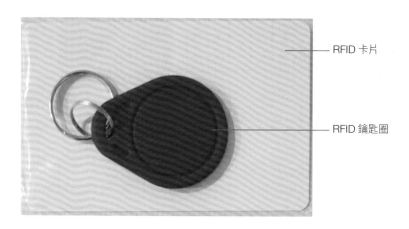

RFID 卡片

RFID 鑰匙圈

Lab07

讀取悠遊卡與 RFID 卡的卡號

實驗目的	利用 RFID 感測模組讀取悠遊卡與 RFID 卡的卡號。		
材料	● D1 mini	● RFID 感測模組	● RGB 三色 LED

■ 線路圖

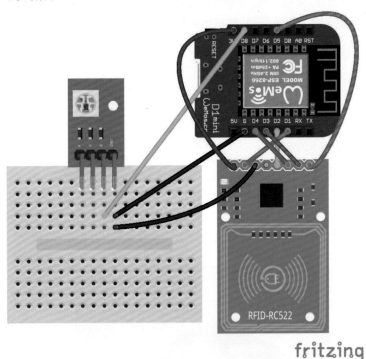

fritzing

⚠ 線的顏色不必和圖一樣。

■ 設計原理

為了在 D1 mini 讀取 RFID 感測模組傳送來的卡號，我們需要安裝 RFID 感測模組的函式庫到 D1 mini 上。

請先連線 http://www.flag.com.tw/download.asp?FM617B 下載本書的範例程式檔案，下載後請解壓縮，然後在 Thonny 如下操作安裝 RFID 感測模組函式庫：

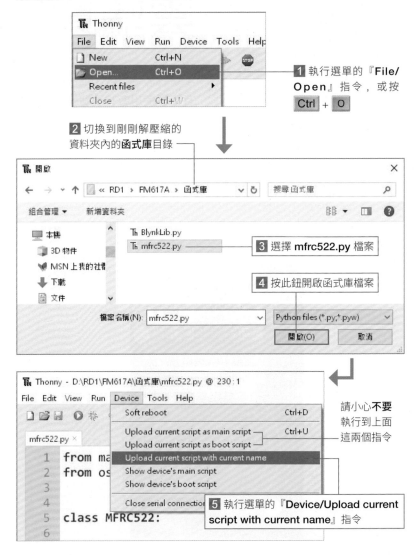

1 執行選單的『File/Open』指令，或按 Ctrl + O

2 切換到剛剛解壓縮的資料夾內的**函式庫**目錄

3 選擇 **mfrc522.py** 檔案

4 按此鈕開啟函式庫檔案

請小心**不要**執行到上面這兩個指令

5 執行選單的『**Device/Upload current script with current name**』指令

```
Shell ×
MicroPython v1.10-8-g8b7039d7d on 2019-01-26; ESP module with ESP8266 ^
Type "help()" for more information. [backend=GenericMicroPython]
>>> %upload '..\函式庫\mfrc522.py' mfrc522.py
>>>
```
若此訊息之後沒有出現錯誤，便表示函式庫安裝成功

⚠ 如果出現 "ValueError: path is on mount..." 錯誤訊息，表示程式檔與函式庫在不同的磁碟機，請將函式庫放在與程式檔同一個磁碟機即可。

函式庫安裝後，在程式中如下匯入函式庫，並且建立 rfid 物件：

```
import mfrc522
rfid = mfrc522.MFRC522(0, 2, 4, 5, 14)
```

然後便可以用 request() 方法來搜尋卡片：

```
stat, tag_type = rfid.request(rfid.REQIDL)
```

request() 方法有兩個回傳值，其中第一個回傳值如果是 0 就表示成功，代表有卡片靠近刷卡。第二個回傳值是 RFID 標籤 (tag) 的類型，此回傳值我們不會用到。

成功找到卡片後，請立刻使用 anticoll() 方法來讀取卡號：

```
stat, raw_uid = rfid.anticoll()
```

anticoll() 方法也有兩個回傳值，同樣地第一個回傳值如果是 0 就表示成功，若不是 0 代表使用者可能中途抽走卡片導致讀取失敗。若成功的話，第二個回傳值便是二進位格式的卡號。

RFID 的卡號總共有 4 碼，因為二進位格式的數值無法正常顯示在螢幕上，所以我們可以透過 Python 的格式化字串功能，將二進位格式的卡號轉為 16 進位的字串：

```
id = "%02x%02x%02x%02x" % (
        raw_uid[0], raw_uid[1], raw_uid[2], raw_uid[3])
```

在字串中以 % 開頭的 %02x 代表格式化參數，會依序被中間 % 算符之後的元素取代，本例 %02x 代表要將對應的整數轉為兩位十六進位數字來表示。

⚠ 由於篇幅所限，本書無法詳細 Python 的格式化字串功能，關於此功能請自行參閱 Python 相關書籍。

■ 程式設計

```
01 from machine import Pin
02 import mfrc522, time
03
04 rfid = mfrc522.MFRC522(0, 2, 4, 5, 14)
05 led = Pin(15, Pin.OUT)
06
07 while True:
08
09     led.value(0)  # 搜尋卡片之前先關閉 LED
10     stat, tag_type = rfid.request(rfid.REQIDL) # 搜尋 RFID 卡片
11
12     if stat == rfid.OK:  # 找到卡片
13         stat, raw_uid = rfid.anticoll()  # 讀取 RFID 卡號
14         if stat == rfid.OK:
15             led.value(1)  # 讀到卡號後點亮 LED
16
17             # 將卡號由 2 進位格式轉換為 16 進位的字串
18             id = "%02x%02x%02x%02x" % (raw_uid[0], raw_uid[1],
19                                        raw_uid[2], raw_uid[3])
20             print("偵測到卡號：", id)
21
22             time.sleep(0.5)  # 暫停一下，避免 LED 太快熄滅看不到
```

■ 實測

請按 F5 執行程式，然後使用悠遊卡或本套件附的 RFID 卡片靠近 RFID 感測模組，看到三色 LED 亮藍燈後，即可在 Thonny 的 Shell 窗格看到卡號：

```
Shell ×
偵測到卡號： 013c781f
```

⚠ 您可以將 LED 改換成蜂鳴器 (本套件未附)，這樣刷卡後就會嗶一聲。

4-2 使用 Google 試算表儲存資料

我們將使用免費的 Google 試算表作為我們儲存資料的雲端資料庫，Google 試算表類似我們常用的微軟 Excel 試算表，除了可以儲存資料以外，還可以利用這些資料來進行分析與產生圖表。

只要有 Google 帳號即可免費使用 Google 試算表，若您還沒有 Google 帳號，請連線 https://www.google.com/ 然後按**登入**鈕，再按**建立帳號**連結，即可申請 Google 帳號。

4-3 使用 IFTTT 將卡號儲存到 Google 試算表

Google 試算表除了透過網頁輸入資料以外，也提供了 API 讓使用者可以自行撰寫程式來儲存資料。要使用 Google API 可是需要研讀許多技術相關文件，不過別擔心，我們將透過第 2 章介紹過的 IFTTT 服務，不需要寫任何程式也可以連線 Google API 儲存資料。

請依照 2-2 節的說明，登入 https://ifttt.com 後建立新的 Applet，步驟 7 的事件名稱請輸入 "home"：

輸入 "home"

然後步驟 9 之後，請改為以下操作：

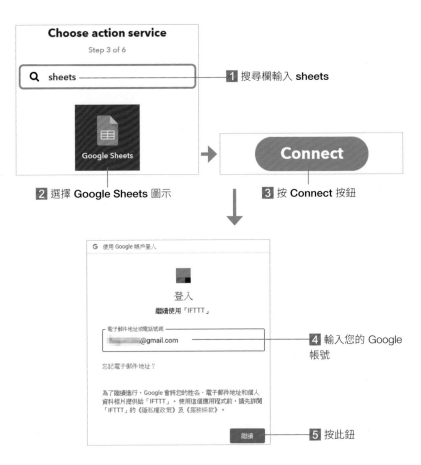

1 搜尋欄輸入 sheets

2 選擇 Google Sheets 圖示

3 按 Connect 按鈕

4 輸入您的 Google 帳號

5 按此鈕

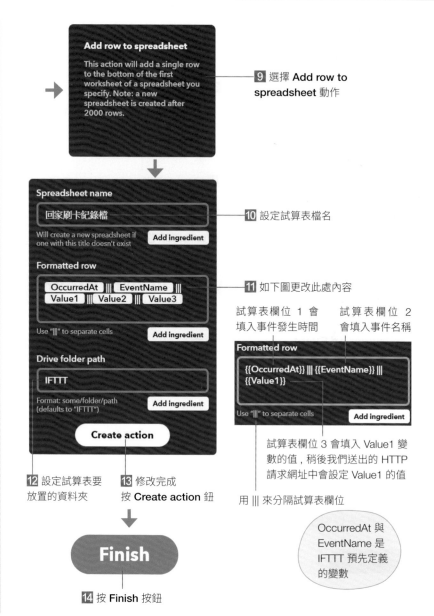

6 輸入您的 Google 密碼

7 按此鈕

8 按此鈕允許 IFTTT 為
您編輯 Google 試算表

9 選擇 Add row to
spreadsheet 動作

10 設定試算表檔名

11 如下圖更改此處內容

試算表欄位 1 會　　　試算表欄位 2
填入事件發生時間　　會填入事件名稱

試算表欄位 3 會填入 Value1 變
數的值，稍後我們送出的 HTTP
請求網址中會設定 Value1 的值

用 ||| 來分隔試算表欄位

OccurredAt 與
EventName 是
IFTTT 預先定義
的變數

12 設定試算表要
放置的資料夾

13 修改完成
按 Create action 鈕

14 按 Finish 按鈕

看到如下畫面即完成，接下來我們要取得 IFTTT 的 HTTP 請求網址：

1 按左上的圖示

2 按右上方的 Documentation 按鈕

Documentation 頁面中，可以看到我們的 **HTTP 請求網址**：

1 這裡改成步驟 7 設定的事件名稱 home

2 完整的 HTTP 請求網址，請複製下來

請將上述的 HTTP 請求網址複製下來，隨後我們撰寫程式時需要用到。

Lab08

小孩到家刷卡紀錄系統

實驗目的	讀取悠遊卡與 RFID 卡的卡號，然後將卡號送到雲端資料庫儲存，完成一個雲端的刷卡系統。		
材料	● D1 mini	● RFID 感測模組	● RGB 三色 LED

■ 線路圖

同 Lab07

■ 設計原理

在 IFTTT 的 HTTP 請求路徑後面可以加入參數名稱與內容，夾帶資訊給 IFTTT，總共可以夾帶 3 個參數，參數名稱固定為 value1, value2, value3, 之間用 "&" 隔開：

```
https://maker.ifttt.com/trigger/home/with/key/您的
                      key?value1=A&value2=B&value3=C
```

請求路徑加上 "?" 再加上參數
夾帶參數內容為 value1=A、value2=B、value2=C

這個實驗中，我們將透過 value1 參數夾帶卡號資訊給 IFTTT, IFTTT 收到後，就會將事件發生時間、事件名稱以及卡號新增到試算表。

■ 程式設計

```
01 from machine import Pin
02 import mfrc522, network, urequests, time
03
04 # 連線 Wifi 網路
05 sta_if = network.WLAN(network.STA_IF)
06 sta_if.active(True)
07 sta_if.connect("Wifi基地台", "Wifi密碼")
```

```
08 while not sta_if.isconnected():
09     pass
10 print("Wifi已連上")
11
12 rfid = mfrc522.MFRC522(0, 2, 4, 5, 14)
13 led = Pin(15, Pin.OUT)
14
15 while True:
16
17     led.value(0)   # 搜尋卡片之前先關閉 LED
18     stat, tag_type = rfid.request(rfid.REQIDL)   # 搜尋 RFID 卡片
19
20     if stat == rfid.OK:   # 找到卡片
21         stat, raw_uid = rfid.anticoll()   # 讀取 RFID 卡號
22         if stat == rfid.OK:
23             led.value(1)   # 讀到卡號後點亮 LED
24
25             id = "%02x%02x%02x%02x" % (raw_uid[0], raw_uid[1],
26                                         raw_uid[2], raw_uid[3])
27             print("偵測到卡號：", id)
28
29             # 連線 IFTTT 服務以便將卡號傳送到 Google 試算表
30             ifttt_url = "IFTTT的HTTP請求網址"
31             urequests.get(ifttt_url + "?value1=" + id)
32
33             time.sleep(0.5)   # 暫停一下, 避免 LED 太快熄滅看不到
```

◉ 請確認您已經依照 Lab07 的說明, 將 RFID 感測模組的函式庫安裝到 D1 mini 上。

◉ 請依照您的環境修改程式中的『Wifi 基地台』、『Wifi 密碼』等設定

◉ 『IFTTT 的 HTTP 請求網址』請輸入 4-3 節最後取得的 HTTP 請求路徑, 請務必記得將開頭的 "https" 更改為 "http"。

實測

　　請按 F5 執行程式, 然後使用悠遊卡或本套件附的 RFID 卡片靠近 RFID 感測模組, 當您看到三色 LED 亮藍燈然後熄滅, 便表示卡號已經成功上傳, 請登入 Google 雲端硬碟 (https://drive.google.com/), 如下開啟刷卡紀錄試算表：

1 切換到 IFTTT 資料夾

2 雙按試算表檔案

刷卡時間　　事件名稱　　刷卡卡號

05

雲端數位儀表板

前一章我們將感測器的資料送上雲端資料庫儲存，除了利用雲端資料庫長期收集資料再進行統計與分析以外，目前也有雲端的即時資料統計服務，只要將資料上傳到這樣的服務，便可以動態即時產生資料統計圖。

5-1 認識雨水感測模組

我們準備使用以下雨水感測模組來製作一個雨量即時統計圖，用來紀錄每天的雨量並且繪製折線圖。

只要偵測雨水感測模組 AO 腳位的電壓變化，便可以獲得目前雨水量的多寡。

感測面雨水越多，
AO 腳位的電壓越低

此感測面用來感測雨水

5-2 使用 ADC 偵測電壓變化

在電子的世界中，訊號只分為高電位跟低電位兩個值，這個稱之為**數位訊號** (0/1、High/Low、或 On/Off)，所以前面章節我們使用 D1 mini 輸出或輸入時，只能輸出 / 輸入高、低電位兩個值。

但電壓變化不是這樣的二分值，而是連續的變化，例如 1V、2.1V 等都是可能的值，這種訊號稱為**類比值**。

為了偵測雨水感測模組 AO 腳位的電壓變化，必須透過 **ADC (Analog-to-Digital Conversion, 類比數位轉換器)**，將電壓值轉換為電腦可以讀取的數位值。

D1 mini 控制板具備 ADC 的是 A0 腳位，當 A0 腳位有電壓輸入時，ADC 會將 0 ~ 3.2V 電壓範圍轉成 0~1024 再傳給 D1 mini。所以傳回值 1024 就是 3.2V 電壓輸入，341 表示大約 1.1V 電壓輸入。也就是說，將傳回值先除以 1024 再乘上 3.2 就可以換算成電壓。

Lab09

讀取雨水感測模組的值

實驗目的	用程式讀取雨水感測器的電壓。
材料	● D1 mini　　　　● 雨水感測模組

■ 線路圖

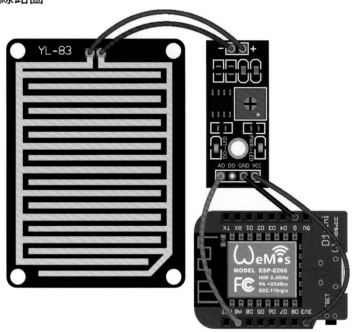

■ 設計原理

請使用以下語法建立 A0 腳位的 ADC 物件：

```
>>> from machine import ADC
>>> adc = ADC(0)
```

然後使用 read() 方法即可讀取 ADC 轉換後的數值，數值越大表示電壓越大：

```
>>> adc.read()
168
>>> adc.read()
666
```

■ 程式設計

```
01 from machine import ADC
02 import time
03
04 # 建立 A0 腳位的 ADC 物件，並命名為 adc
05 adc = ADC(0)
06
07 while True:
08     # 用 read() 方法從 A0 號腳位讀取 ADC 轉換後的數值
09     # 然後將讀到的值用 print() 輸出
10     print(adc.read())
11
12     # 暫停 0.05 秒
13     time.sleep(0.05)
```

■ 實測

請按 F5 執行程式，然後以少許水滴在雨水感測模組的金屬感測面 (請小心！不要讓水接觸到感測面以外的電子零件)，在 Thonny 的 Shell 窗格觀察程式輸出的值：

經過實測後，我們發現雨水感測模組的感測面有水時，ADC 輸入值會小於 700，若水自然流掉後 ADC 輸入值會大於 700，所以接下來我們會用 700 這個數值來判斷是否有下雨。

⚠ 您可以依照自己實測的結果來挑選適當的數值。

5-3 使用 Adafruit IO 服務繪製即時資料統計圖

我們將使用 Adafruit IO 的服務來繪製雨量即時統計圖，請連線 https://io.adafruit.com 如下註冊帳號：

若您的帳號名稱已經有人使用了，網頁會顯示 "Username has already been taken" 訊息，此時請您改用其他名稱再試試看。成功建立帳號後，會顯示如右頁面：

請務必確認時區是否正確，若時區有誤的話，未來您上傳的資料都會顯示錯誤的時間。

接著請重新連線 https://io.adafruit.com，即可進入 Adafruit IO 的介面。首先我們要建立 **Feed**，Feed 是資料來源的意思，未來我們上傳的感測器資料就會儲存在 Feed。

⚠ 請注意 Feed 不等同於裝置，假設有一個溫濕度感測器有溫度與濕度 2 種感測值，您需要分別為溫度與濕度建立兩個 Feed 來儲存。

請如下操作建立 Feed：

1 按 **Feeds** 連結

2 按 **view all**

3 按 **Actions** 鈕

4 選擇 **Create a New Feed**

5 輸入 **rain**

6 按此鈕

Feed 已經成功建立

7 按剛剛建立的 Feed 連結即可觀看資料

這個是存取此 Feed 的名稱, 請記住這個名稱, 之後寫程式會用到

8 按此連結

10 按 **AIO Key** 來取得金鑰

9 此處可以看到免費帳戶的額度, 其中最重要的是每分鐘只能儲存 30 筆資料, 大約每 2 秒一筆

新建立的 Feed 還沒有資料, 所以圖表是空的

請記住帳號與金鑰, 之後寫程式會用到

您的 Adafruit IO 帳號名稱

您的 Adafruit IO 金鑰

接下來我們就可以寫程式, 上傳雨水感測模組的感測資料儲存到剛剛建立的 Feed。

Lab10

雨量即時統計圖

實驗目的	讀取雨水感測模組的感測資料, 將雨量的大小數值上傳到 Adafruit IO, 產生雨量即時統計圖。
材料	● D1 mini　　　　● 雨水感測模組

■ 線路圖

同 Lab09

■ 設計原理

第 2 章介紹過使用 urequests 模組的 get() 來連線 HTTP 服務, get() 使用的是 HTTP 協定中的 GET 方法。不過 Adafruit IO 規定上傳資料要使用 HTTP 協定的 POST 方法, 所以我們將改用 urequests 模組的 post() 來上傳資料。

⚠ 因篇幅所限, 本書無法詳述 HTTP 與 HTML, 請您自行參考相關書籍。

用 POST 方法上傳的資料目前主要有兩種格式:FORM 與 JSON, 我們將採用第 3 章介紹過的 JSON 格式來上傳資料, 其語法如下:

```
>>> import urequests
>>> data = {"value": 100}  ◀── 以 Python 字典來設定要上傳的資料
                                名稱與資料值
>>> urequests.post("http://xxx.xxx", json=data)
```

只要將 Python 字典帶入 urequests.post() 的 json 參數, urequests 就會自動將字典內的資料轉換為 JSON 格式來上傳。

■ 程式設計

```
01 from machine import ADC
02 import time, network, urequests
03
04 # 連線 Wifi 網路
05 sta_if = network.WLAN(network.STA_IF)
06 sta_if.active(True)
07 sta_if.connect("Wifi基地台", "Wifi密碼")
08 while not sta_if.isconnected():
09     pass
10 print("Wifi已連上")
11
12 aio_username = "您的 Adafruit IO 帳號"
13 aio_key = "您的 Adafruit IO 金鑰"
14 aio_feed = "您的 Adafruit IO feed 名稱"
15
16 # 建立 A0 腳位的 ADC 物件, 並命名為 adc
17 adc = ADC(0)
18
19 while True:
20     # 讀取雨水感測器經過 ADC 轉換後的數值
21     value = adc.read()
22
23     if value < 700: # 依照 Lab09 的測試, 低於 700 表示有下雨
24         # 雨水越多, ADC 值越低, 所以用最大值 1024 減 ADC 值,
25         # 以便將資料反轉為雨水越多, 數值越高
26         data = {"value": 1024-value}
27     else:
28         # 沒下雨的話就送出 0
29         data = {"value": 0}
30
31     # 設定 Adafruit IO 上傳資料的 API 網址
32     url = ("https://io.adafruit.com/api/v2/" + aio_username +
33            "/feeds/" + aio_feed + "/data?X-AIO-Key=" + aio_key)
34
35     # 用 POST 上傳 JSON 資料
36     urequests.post(url, json=data)
```

```
37
38    # 暫停 2 秒, 避免送出太多資料超過 Adafruit IO 免費額度
39    time.sleep(2)
```

◉ 請依照您的環境修改程式中的『Wifi 基地台』、『Wifi 密碼』等設定

◉ aio_username、aio_key、aio_feed 等三個變數,請改成您在 5-3 節取得
   的 Adafruit IO 帳號、金鑰,以及新建立的 Feed 名稱。

◉ 第 23 行的 700 請依照 Lab09 的實測結果來挑選適當的數值,此值若設
   定過低可能會導致無法偵測毛毛雨,如果設定過高則無法偵測雨停。

■ 實測

請按 F5 執行程式,然後以少許水滴在雨水感測模組的金屬感測面 (請小
心!不要讓水接觸到感測面以外的電子零件),然後到 Adafruit IO 觀看 Feed
的資料:

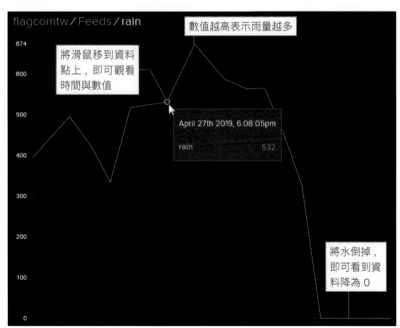

您可以將感測面伸出窗戶,並且稍微向下傾斜,這樣只要下雨的話,雨水
感測模組就能偵測到雨量,等雨停之後,水則會順著傾斜的感測面自然流掉,
此時 D1 mini 就會送出 0 到 Adafruit IO, 如此就能透過 Feed 觀看即時資料
與長期統計。

除了透過 Feed 觀看資料以外,Adafruit IO 還提供了儀表板 (Dashboard)
的功能,讓我們可以透過 Feed 內的資料來產生多樣化的視覺化畫面,並且
可以將多種資料同時顯示在同一個介面。請如下操作即可建立儀表板:

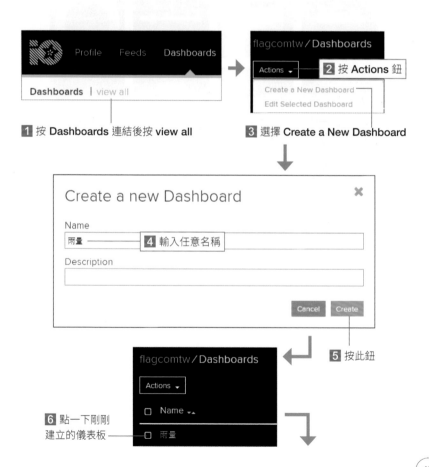

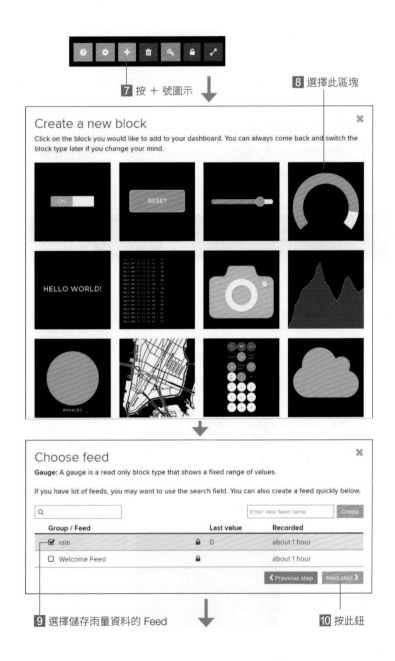

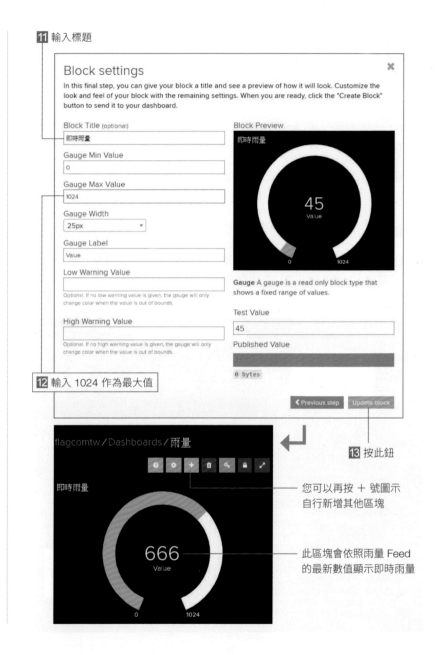

CHAPTER 06

手機 APP 雲端資訊互通
MQTT 發佈 / 訂閱訊息

到上一章為止主要都是由控制板讀取感測資訊送到網路上顯示, 如果能夠透過網路反向遙控控制板, 應用上就可以更廣泛了!

本章會透過 MQTT 服務讓手機與 D1 mini 控制板可以雙向傳送資訊, 一方面可由手機顯示 D1 mini 傳送過來的溫濕度感測數據, 另一方面也可以從手機傳送指令遙控 D1 mini 控制風扇等家電。

6-1 認識溫濕度感測器

溫濕度感測器可用來感測所處環環的溫度及濕度, 其應用範圍很廣, 許多電子產品都需要靠它來感測溫濕度, 例如可顯示溫濕度的電子鐘、冷氣機、除濕機、甚至手機等等。

每種溫濕度感測器可偵測的溫濕度範圍皆不相同, 本套件採用的 DHT11 感測器可以偵測 -20°C ~ 60°C 的溫度, 以及 20~95% 相對濕度。

DHT11 溫濕度感測器支援 1-wire 與 I2C 兩種通訊, 因為 MicroPython 已經內建 1-wire 通訊的 dht 模組, 所以為了方便撰寫程式, 我們將直接使用 MicroPython dht 模組以 1-wire 通訊來取得溫濕度的值。

■ 1-wire 通訊

1-wire 通訊的優點是接線簡單, 只要使用 1 條傳輸線, 就可以在兩個元件之間互相傳送資料。DHT11 溫濕度感測器採用 1-wire 通訊時的針腳用途如右圖:

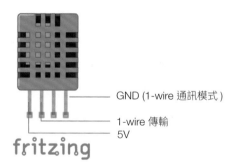

GND (1-wire 通訊模式)
1-wire 傳輸
5V

fritzing

DHT11 的 1-wire 通訊方式很簡單, D1 mini 控制板必須先以特定的高低電位變化訊號通知 DHT11 送出溫濕度值; 接著 DHT11 就會以不同的高低電位變化方式來表示溫濕度的個別數字, D1 mini 控制板就藉由偵測電位的變化來取得溫濕度值, 由於同一時間只有一方會傳送訊號, 因此只要使用同 1 條傳輸線即可完成雙向的通訊。

■ dht 模組

MicroPython 已經內建 dht 模組，只要直接匯入模組就可以使用：

```
from machine import Pin
import dht
```

由於 dht 模組需要指定實際接線的腳位，通常也會同時匯入 machine 模組使用其中的 Pin 類別。接著必須建立與 dht 模組溝通的物件：

```
sensor = dht.DHT11(Pin(0))
```

建立時唯一需要的參數就是腳位，1-wire 通訊會使用同一個腳位輸出 / 輸入資料，dht 模組會自行切換模式，建立物件時並不需要指定輸出入模式。

建立物件後，只要呼叫它的 measure 方法，就可以讓 DHT11 感測器送出溫濕度資料，我們可以透過 temperature 及 humidity 方法取得溫度與濕度。

要注意的是，由於 DHT11 感測器本身的運作方式限制，至少要**相隔 2 秒**才能再次呼叫 measure，否則 DHT11 感測器可能無法回應，造成 dht 模組等待資料逾時而發生錯誤。

Lab11

讀取溫濕度感測值

實驗目的	讀取 DHT11 溫濕度感測器的值，熟悉感測器的用法。
材料	● D1 mini ● DHT11 溫濕度模組 ● 杜邦線及排針若干

■ 線路圖

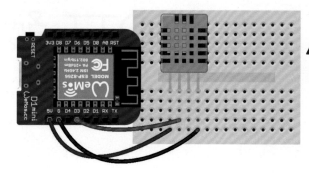

⚠ DHT11 感測器兩面不同，一面有格洞、另一面為文字，請勿接錯面，否則**感測器會燒毀**。

fritzing

■ 設計原理

本實驗會使用 dht 模組每隔 3 秒顯示 1 次溫濕度值。

■ 程式設計

```
01 from machine import Pin
02 import time
03 import dht
04
05 sensor = dht.DHT11(Pin(0))        # 使用 D3 腳位取得溫濕度物件
06 while True:
07     sensor.measure()              # 讀取溫濕度值
08     temp_humi = "%2d ℃/%2d%%" % (# 格式化字串
09         sensor.temperature(),     # 置入溫度值
10         sensor.humidity())        # 置入濕度值
11     print(temp_humi)              # 顯示溫濕度值
12     time.sleep(3)                 # 暫停 3 秒
```

程式執行後，每隔 3 秒就會看到新的溫濕度值：

```
>>> %Run Lab11.py
28 ℃/55%
28 ℃/55%
28 ℃/60%
28 ℃/60%
28 ℃/60%
28 ℃/60%
28 ℃/61%
28 ℃/68%
29 ℃/72%
```

硬體補給站！ 溫濕度感測器的測試方法

一般室溫短時間內不會有變化，如果要確認溫濕度感測器的運作，可以對著溫濕度感測器呵氣，由於口中呵出的氣包含大量的水氣，會讓濕度大幅升高，比較容易觀測數值變化。

軟體補給站！ 無法讀到溫濕度值？

如果程式執行後看到如下的錯誤訊息：

```
OSError: [Errno 110] ETIMEDOUT
```

這表示你的接線可能有誤，呼叫 measure 方法通知 DHT11 感測器送出溫濕度值後超過一段時間等不到資料，就會逾時而發生上述錯誤。請回頭檢查接線，尤其是要記得 DHT11 的右邊 2 個針腳都要接地，應該就可以正常運作了。

若接線確認無誤，請將 DHT11 感測器拔起來再插一次，即可正常連線。

6-2 MTQQ 通訊協定簡介

除了讀取感測值顯示在螢幕上以外，我們希望可以讓溫濕度感測值透過網路傳送到你的手機上顯示，甚至可以從手機上送出指令遙控控制板，這需要控制板與手機之間能夠**雙向傳輸**。要做到以上所述，最大的難題是要**突破網路的安全限制**，舉例來說，D1 mini 控制板可以藉由 Wi-Fi 網路連上外部的伺服器，像是前面的章節就連接到 IFTTT 等服務，但如果要從外部的裝置主動連線到位於 Wi-Fi 網路內部的 D1 mini 控制板，就會被 Wi-Fi 寬頻分享器或路由器隔絕而無法連線。

為了在這樣的限制上仍然能夠提供雙向傳輸，就有了像是 MQTT 這樣的中介服務，它由 3 個元件組成：分別是負責轉送資料的 **MQTT 中介伺服器 (broker)**、提供資料的**發佈端 (publisher)**，以及接收資料的**訂閱端 (subscriber)**。運作方式如下：

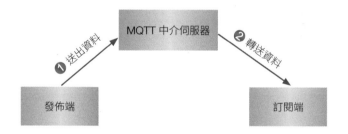

發佈端會將資料送到 MQTT 中介伺服器上，MQTT 中介伺服器就會將資料傳送給訂閱端。這裡的關鍵就是不管是發佈端或是訂閱端，都是主動連線到位於公開網路上的中介伺服器，因此只要能夠連網，雙方就可以透過中介伺服器傳輸資料。由於這樣的架構，所以不論是發佈端或是訂閱端，都通稱為『**MQTT 用戶端 (client)**』。

個別的裝置可以同時是發佈端與訂閱端，既能發送資料給遠端的裝置，也能接收遠端裝置送出的資料。在 MQTT 中，資料還必須分門別類，區分為不同的『**頻道 (channel)**』，發佈資料時必須指定頻道，訂閱端也必須先**訂閱**頻道，才能收到發佈到該頻道上的資料。

■ Adafruit IO 中介伺服器

在第 5 章中使用過的 Adafruit IO 也提供有 MQTT 中介伺服器的功能，相關資料如下：

Adafruit IO MQTT 中介伺服器

主機網址	io.adafruit.com
連接埠編號	1883
使用者帳號	你註冊的 Adafruit IO 帳號名稱
密碼	在 Adafruit IO 儀表板頁面按 View AIO Key 取得的金鑰

請特別注意 MQTT 連線的密碼並不是你登入的密碼，必須經由儀表板上的連結取得：

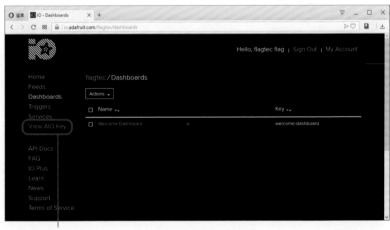

按這裡取得金鑰

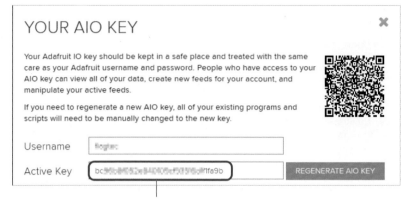

複製金鑰到稍後撰寫的程式中

■ umqtt 模組

有了 MQTT 中介伺服器後，D1 mini 和手機就可以扮演 MQTT 用戶端的角色相互傳送訊息了。在 MicroPython 中內建有 umqtt 模組，提供 MQTT 用戶端的功能，使用時必須先匯入其中的 MQTTClient 類別：

```
from umqtt.robust import MQTTClient
```

接著建立物件：

```
client = MQTTClient(
    client_id="weather",          # 用戶端識別名稱
    server="io.adafruit.com",     # 中介伺服器網址
    user="帳戶名稱",               # 帳戶名稱
    password="密碼",               # 剛剛查詢到的金鑰
    ssl=False)                    # 是否
```

其中 client_id 是用戶端識別名稱，使用同一帳號連上伺服器的個別裝置都要指定不一樣的名稱。

建立物件後就可以呼叫 connect 方法連上 MQTT 中介伺服器,接著再呼叫 publish 就可以送出資料到指定的頻道:

```
client.connect() # 連上伺服器
...
temp_humi = "23 ℃/23%"
client.publish(
        b"帳戶名稱/feeds/temp_humi",   # 頻道名稱
        temp_humi.encode())           # 資料內容
```

第 1 個參數是頻道名稱,可以使用 "/" 切割層級,設計成樹狀結構的頻道架構,例如上例中就是 3 層的頻道結構。不過 Adafruit IO 對於頻道名稱有特別的規定,第 1 層一定是帳號名稱,第 2 層固定是 "feeds",第 3 層是自訂的名稱。第 2 個參數是要傳送到該頻道的內容。

上述 2 個參數的資料型別都是 **bytes 物件**,你可以在字串的引號前面加上 **'b'** 或是呼叫字串的 **encode 方法**將字串轉換成 bytes 物件。

手機端 MQTT App

手機這一端已經有許多現成的 App 可以使用,不需要自己撰寫。在接下來的實驗中,我們會以 Android 平台的 MQTT dashboard 為例,說明如何訂閱頻道以讀取發佈端送出的訊息。如果您是使用 iPhone,可自行以 MQTT 關鍵字搜尋類似的 App,操作方式都大同小異。

Lab12
雲端溫濕度監測

實驗目的	利用 MQTT 將 DHT11 溫濕度感測器傳送到手機上顯示。
材料	● D1 mini　　　　　　　　● 杜邦線及排針若干 ● DHT11 溫濕度模組　　● Android 手機

線路圖

同 Lab 11。

設計原理

本實驗會延續 Lab 11,將每隔 3 秒讀取到的溫濕度值透過 MQTT 送到手機上顯示。

程式設計

```
01 from machine import Pin
02 import time
03 import network
04 from umqtt.robust import MQTTClient
05 import dht
06
07 sensor = dht.DHT11(Pin(0)) # 使用 D3 腳位取得溫溼度物件
08
09 client = MQTTClient(                      # 建立物件
10     client_id="weather",                  # 用戶端識別名稱
11     server="io.adafruit.com",             # 主機網址
12     user="帳戶名稱",                        # 請填入帳戶名稱
13     password="填入你的金鑰",                # 請填入你的金鑰
14     ssl=False)
15
16 sta_if = network.WLAN(network.STA_IF)     # 取得無線網路介面
17 sta_if.active(True)                       # 啟用無線網路
18 sta_if.connect('無線網路名稱', '密碼')      # 連結無線網路
19 while not sta_if.isconnected():           # 等待無線網路連上
20     pass
21
22 print("connected")
23
24 client.connect()                          # 連上中介伺服器
25 while True:
26     sensor.measure()
27     temp_humi = "%2d ℃/%2d%%" % (
```

```
28          sensor.temperature(),
29          sensor.humidity())
30      client.publish(                    # 發佈溫濕度資料
31          b"帳戶名稱/feeds/temp_humi",
32          temp_humi.encode())
33      time.sleep(3)
```

請記得將第 12、31 列中的『帳戶名稱』更改為您自己的帳戶名稱，並且在第 13 列填入您的金鑰，並將第 18 列的無線網路名稱及密碼改寫成您自己的無線網路。

⚠ Adafruit IO 有限制發送資料的頻率，免費帳號最多每 2 秒只能送出一筆資料，實測上最好間隔久一點，像是本例就每隔 3 秒才傳送一次。

◼ 安裝並設定手機 App

上面的程式執行後，即可準備手機端的 App：

1 安裝 App：

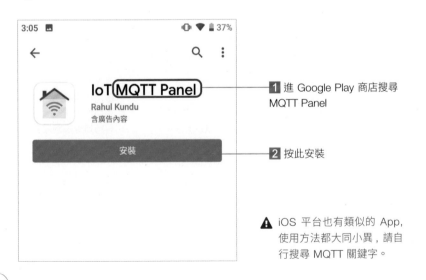

1 進 Google Play 商店搜尋 MQTT Panel

2 按此安裝

⚠ iOS 平台也有類似的 App，使用方法都大同小異，請自行搜尋 MQTT 關鍵字。

2 連線中介伺服器：

1 按此鈕

2 設定此連線的名稱 (可隨意自取)

3 輸入 io.adafruit.com

4 輸入 1883

5 按此鈕新增儀表板

6 設定儀表板名稱 (可隨意自取)

7 按此鈕新增

8 按此展開選項

9 輸入帳戶名稱

10 輸入你的金鑰 (可將查到的金鑰用 gmail 寄給自己,方便在手機上複製後貼到這裡)

11 按此鈕完成連線設定

3 滑動畫面,找到並選擇 **Text Log**

4 輸入面板名稱 (可隨意自取)

5 輸入頻道名稱 " 帳戶名稱 / feeds/temp_humi"

6 按此鈕

3 最後再新增面板 (Panel), 即可用來訂閱頻道、接收資料:

1 按剛剛建立的連線

2 按 **ADD PANEL** 鈕

手機收到的資料

收到資料的時間

■ 使用指針圖顯示數字資料

我們剛剛使用以文字的形式來顯示我們收到的訂閱資料,除了文字形式以外,我們還可以如下使用指針圖來顯示數字:

1 按 ＋ 鈕

2 按 ADD PANEL 鈕

3 輸入面板名稱 (可隨意自取)

4 輸入頻道名稱 " 帳戶名稱
/feeds/temp_humi"

5 輸入 0 做為最小值

6 輸入 50 做為最大值

7 滑動畫面，到最下方按此鈕

APP 會以最新資料的第一個數字為準

⚠ 若要顯示濕度指針，請修改程式
單獨送出濕度值即可。

以指針圖顯示目前的溫度

6-3 遠端遙控家電

剛剛的範例是由 D1 mini 發佈資料，手機端訂閱接收，我們也可以反過來，由手機端發送，D1 mini 訂閱接收。這一節就要利用這樣的功能，由手機送出命令給 D1 mini，透過**繼電器 (relay)** 遙控家電開關。

■ 繼電器簡介

平常我們用來實作創客應用的 D1 mini 或 Arduino 都是以直流供電，如果想要控制使用交流電的家電裝置，必須透過**繼電器 (Relay)** 這個電子元件來控制。繼電器可以用小電流來控制大電流是否通電，並且具備保護電路，能夠避免大電流回流衝擊小電流端：

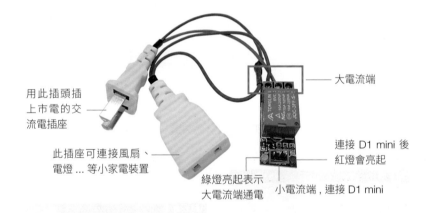

用此插頭插
上市電的交
流電插座

此插座可連接風扇、
電燈 … 等小家電裝置

綠燈亮起表示
大電流端通電

大電流端

連接 D1 mini 後
紅燈會亮起

小電流端，連接 D1 mini

⚠ 此插座功率有限，不能用在大功率的電器上，如微波爐、電冰箱等。

當我們用 D1 mini 連接繼電器，若對 IN 腳位輸出高電位，則大電流端會斷電，如果對 IN 腳位輸出低電位，那麼大電流端就會通電。

套件中的繼電器需要使用 5V 供電，接到 IN 腳位的也必須是以 5V 為高電位的訊號，而 D1 mini 上的數位輸出腳位都是 3.3V，因此我們必須藉助電晶體當開關，從 5V 腳位控制變換高低電位訊號到繼電器的 IN 腳位。

■ 電晶體元件

本套件使用的電晶體型號為 2N2222，共有 3 隻接腳，分別為 B (基極)、C (集極)、E (射極)。藉由 D1 mini 輸出高電位到 B 接腳，可導通電晶體，讓 C、E 連通，即可送出 E 端與 GND 連通的低電位訊號到 IN 腳位；若給予 B 接腳低電位，則電晶體的 C、E 不連通，即會送出 C 端與 5V 連通的訊號到 IN 腳位。電晶體就像是一個透過電子訊號控制的開關：

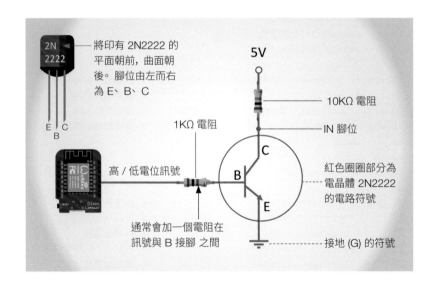

這樣的控制方式剛好變成 B 腳位高電位時繼電器大電流端通電，B 腳位低電位時繼電器大電流端斷電。

■ 使用 umqtt 模組訂閱頻道

umqtt 模組也提供用戶端向 MQTT 中介伺服器訂閱頻道的功能，首先要準備一個收到訂閱資料時會被自動呼叫的函式，例如：

```
def get_cmd(topic, msg):       # 頻道名稱, 資料
    if msg == b"on":           # bytes 物件的比較
        print("收到打開命令")
    elif msg == b"off":
        print("收到關閉命令")
```

函式名稱可以隨意取，但一定要有 2 個參數，第 1 個參數是頻道名稱、第 2 個參數是收到的資料。由於所有訂閱的頻道有新資料時都是由此函式處理，因此就必須要以頻道名稱來判斷此次資料屬於哪一個頻道？要注意的是這 2 個參數都是 bytes 物件，若要與字串進行比較，必須轉換資料型別，像是上例中就把要比較的 "on" 字串加上 b 前綴字轉換成 bytes 物件。

定義好函式後，還要將該函式註冊為收到訂閱資料時的處理函式：

```
client.set_callback(get_cmd)
```

接著就可以向伺服器訂閱頻道：

```
client.subscribe(b"帳戶名稱/feeds/fan");
```

最後還有一個關鍵的步驟，就是要不斷檢查是否有新的資料：

```
while True:
    client.check_msg()
```

這樣只要發佈端發送了新資料到訂閱的頻道，就會自動呼叫剛剛註冊的函式，收取新的資料了。

接著，我們就可以結合以上的說明，為上一節的實驗加上從手機發送命令到 D1 mini 的功能了。

Lab13

雲端電源開關

實驗目的	利用 MQTT 從手機端發送命令遙控 D1 mini 開關電器。		
材料	• D1 mini • DHT11 溫濕度模組 • 繼電器模組	• 杜邦線及排針若干 • Android 手機	• 10KΩ電阻 • 1KΩ電阻 • 2N2222電晶體

■ 線路圖

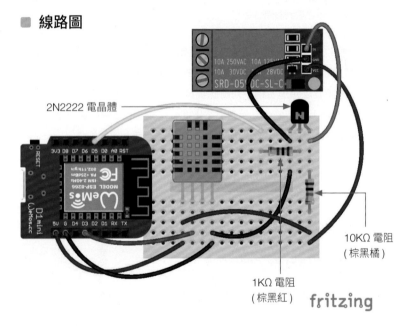

2N2222 電晶體

10KΩ 電阻
(棕黑橘)

1KΩ 電阻
(棕黑紅)

fritzing

■ 設計原理

本實驗會延續 Lab 12, 除了每隔 3 秒將讀取到的溫濕度值透過 MQTT 送到手機上顯示外, 再加上從手機發送資料回去給 D1 mini, 控制繼電器開關電器。

⚠ 再次提醒, 本套件的繼電器模組僅可搭配檯燈、小風扇等小功率的電器運作, 如果與大功率電器一起運作, 會有火災的危險, 請謹慎使用。

■ 程式設計

```
01 from machine import Pin
02 import time
03 import network
04 from umqtt.robust import MQTTClient
05 import dht
06
07 sensor = dht.DHT11(Pin(0))    # 使用 D3 腳位建立溫溼度物件
08 relay = Pin(14, Pin.OUT, value = 0)    # 使用 D5 腳位控制繼電器
09
10 client = MQTTClient(
11     client_id="raindrop",
12     server="io.adafruit.com",
13     user="帳戶名稱",
14     password="你的金鑰",
15     ssl=False)
16
17 sta_if = network.WLAN(network.STA_IF)    # 取得無線網路介面
18 sta_if.active(True)                      # 啟用無線網路
19 sta_if.connect('無線網路名稱', '密碼')      # 連結無線網路
20 while not sta_if.isconnected():          # 等待無線網路連上
21     pass
22
23 print("connected")
24
25 def get_cmd(topic, msg):                 # 處理新資料的函式
26     if msg == b"on":                     # 收到 on 指令
27         relay.value(1)                   # 打開繼電器
28     elif msg == b"off":                  # 收到 off 指令
29         relay.value(0)                   # 關閉繼電器
30     print(msg)
31
32 client.connect()
33 client.set_callback(get_cmd)             # 註冊處理函式
34 client.subscribe(b"帳戶名稱/feeds/fan");   # 訂閱頻道
35
36 last_time = 0                # 記錄前次發送資料的時間點
37 while True:
```

```
38     if time.time() - last_time >= 3: # 若上次發送已超過 3 秒
39         sensor.measure()
40         temp_humi = "%2d ℃ /%2d%%" % (
41             sensor.temperature(),
42             sensor.humidity())
43         client.publish(
44             b"帳戶名稱/feeds/temp_humi",
45             temp_humi.encode())
46         last_time = time.time()        # 記錄本次發送時間點
47     client.check_msg()                 # 檢查新訊息
```

請記得將第 13、34、44 列的『帳戶名稱』更改為你的帳戶名稱，並將 14 列的『你的金鑰』替換成你自己的金鑰，另外請將第 19 列的無線網路名稱及密碼改寫成您自己的無線網路。

這個程式就是依照剛剛的說明，加上了訂閱頻道的功能，不過有個特別的地方，就是我們希望在每隔 3 秒送 1 次溫濕度資料的等待時間內，還是可以檢查是否有收到手機發送過來的指令，以便能即時切換繼電器開關。因此，並沒有直接使用 time.sleep(3) 暫停程式，而是記錄最近一次發送資料的時間點，並持續檢查距離該時間點是否已經超過 3 秒，這樣就可以同時達到檢查是否有新訊息的目的了。

接著就可以在前一節安裝的 App 上加上發佈資料的功能。

■ 從手機發佈指令到 D1 mini

1 新增面板用來發佈資料：

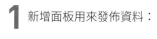

1 按 ＋ 鈕

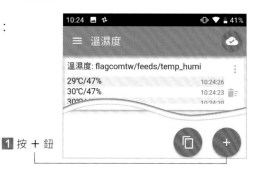

2 選擇 **Switch**

3 輸入面板名稱 (可隨意自取)

4 輸入頻道名稱 " 帳戶名稱 /feeds/ temp_humi"

5 輸入 on 做為開啟電源的指令

6 輸入 off 做為關閉電源的指令

7 滑動畫面，到最下方按此鈕

2 利用切換開關遙控繼電器：

撥動開關可以發送指令開啟或關閉電源

切換開關會聽到繼電器發出清脆的聲響，就表示有正常運作，如果繼電器端的插頭有插上市電，就可以在插座端接上小功率的電器，例如電燈，就會看到電燈會隨手機端發送的指令亮滅了。

CHAPTER 07

手機 APP 感測遙控

Blynk 自訂介面手機 APP

上一章雖然可以使用手機遙控開關, 可是操控的介面並不直覺易用, 如果能有客製化的 App 那就太完美了!

本章會透過 Blynk 服務取代 MQTT 在手機與 D1 mini 間交換資訊, 同時也藉由 Blynk 手機端的 App 自行設計漂亮好用的介面, 讓整體操作體驗更專業。

7-1 Blynk 簡介

上一章的 MQTT 雖然可以讓手機與 D1 mini 透過網路交換訊息, 不過若要讓使用者操作更順暢, 手機端應該要有客製化的 App, 提供使用者專業的操控介面, 並在背後藉由 MQTT 與 D1 mini 端互通訊息。只是若要同時開發 Android 與 iOS 平台 App, 可能要耗費許多時間與成本, 因此在這一章中, 我們採用替代的方案, 也就是 Blynk 服務。

Blynk 提供兩個關鍵的服務:首先是擔負像是 MQTT 伺服器的**中介角色**, 讓 D1 min 與手機兩端可以突破防火牆或是路由器的阻擋交換訊息;其次則是提供一個手機端**可客製的 App**, 隨您喜好自行設計使用者介面, 並且依據使用者的操作與 Blynk 伺服器端溝通, 在 App 上顯示從 D1 mini 送來的感測資料或是控制 D1 mini 的輸出腳位。

透過 Blynk 服務, 就可以輕輕鬆鬆達成提供專業操控介面的目的。

■ 透過虛擬腳位與 Blynk App 交換訊息

Blynk 的運作方式是把手機**模擬成一塊控制板**, 擁有 256 個**輸出入腳位**, 依序稱為 V0、V1、...V255, 可以和外部互相傳輸資料。D1 mini 這一端可以將資料送到特定的虛擬腳位, 而手機端的 App 就可以從該腳位讀取資料, 進而取得 D1 mini 端的資訊。反之, 如果手機端的 App 想要送資料給 D1 mini, 就可以將資料由特定的虛擬腳位送出, D1 mini 這一端便能夠從該虛擬腳位讀取資料。整體運作就像是 D1 mini 與手機端真的有用傳輸線相互連接起來一樣。

■ 註冊 Blynk 服務

要使用 Blynk 服務, 首先就要註冊帳號, 請依照以下步驟完成:

1 請先開啟瀏覽器，瀏覽至 https://blynk.io 網址：

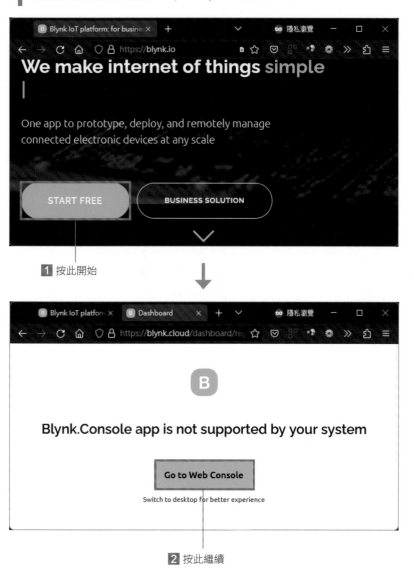

2 填入註冊資料：

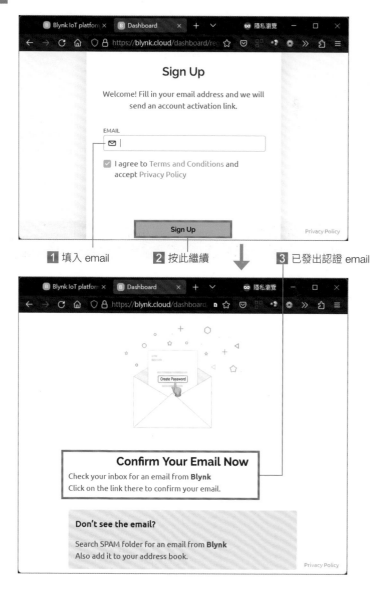

3 請至剛剛填入的 email 信箱收信，你會收到以下內容的信件：

1 按此連往認證頁面

2 若看到此畫面按此繼續

3 填入你要使用的密碼

4 按此繼續

5 填入名字　6 按此完成

7 按此略過導覽

完成註冊後請將畫面留在這裡，稍後會進一步設定。

BlynkLib 模組

在 D1 mini 端要使用 Blynk 服務，可以藉助 BlynkLib 模組。在範例檔中已經提供有該模組，請參見 Lab07 的說明，開啟本書範例中函式庫資料夾內的 BlynkLib.py 及 BlynkTimer.py 檔案，再執行『**Device/Upload current script with current name**』將模組檔案上傳到 D1 mini 控制板即可使用。

啟用 Blynk 服務

要使用 Blynk 模組，必須先匯入該模組，接著再建立 Blynk 物件：

```
blynk = BlynkLib.Blynk(token) # 取得 Blynk 物件
```

這裡傳入的 token 是一個字串，稱為**權杖 (token)**。當你在 Blynk 建立虛擬裝置，Blynk 就會幫你產生權杖，D1 minin 端必須要提供此權杖才能與手機端傳輸資料。

送出資料給手機

建立 Blynk 物件後，還要決定要透過哪一個虛擬腳位與手機溝通。我們先以傳送資料到手機為例，首先要先撰寫一個送出資料到特定虛擬腳位的函式，例如 (這裡假設 sensor 是我們在第 6 章就介紹過的 DHT11 物件)：

```
def v1_handler():
    sensor.measure()
    blynk.virtual_write(1, sensor.temperature())
```

我們可以使用 Blynk 物件的 virtual_write 方法，即可將資料送出到指定的虛擬腳位，其中第 1 個參數就是虛擬腳位的編號，第 2 個參數則是要送出的資料，這裡就是把感測到的溫度送到 V1 虛擬腳位。

使用計時器定時傳送資料

有了剛剛傳送資料的函式後，就可以透過 Blynk 程式庫提供的 BlynkTimer 模組定時呼叫指定的函式，達到定時傳送的功能。首先要匯入 BlynkTimer 模組：

```
from BlynkTimer import BlynkTimer
```

然後建立一個計時器物件：

```
timer = BlynkTimer()
```

再利用這個計時器物件設定計時時長，以及每次計時結束時要執行的函式：

```
timer.set_interval(3, v1_handler)
```

第 1 個參數是計時時長，單位為秒；第 2 個參數就是要執行的函式，上述
設定就會每 3 秒呼叫 1 次 v1_handler 函式，也就是每 3 秒更新 1 次溫度。

■ 讀取從手機端送來的資料

為了讀取從手機端送來的資料，一樣必須撰寫專屬的函式，並且註冊到對
應的虛擬腳位 (以下假設 relay 是控制繼電器的 Pin 物件)：

```
def v3_handler(value):
    relay.value(int(value[0]))
```

這裡要注意的是讀取虛擬腳位的函式必須要有 1 個參數，實際上就會傳入
手機端寫入對應虛擬腳位的資料。收到的資料是**串列**，我們可以透過索引取
出想要的資料。

■ 註冊處理函式

有了剛剛的函式後，我們還需要將它註冊為從手機端讀取對應虛擬腳位資
料時的專屬函式：

```
blynk.on("V3", v3_handler)
```

這表示如果手機從 **V3 虛擬腳位**傳送資料時，就自動呼叫 v3_handler 函式
接收資料。

■ 檢查新收到的 Blynk 需求

為了讓註冊的函式生效，我們還需要在主程式中加入無窮迴圈，持續檢查
是否有收到新的 Blynk 需求以及計時時間，以便執行對應的處理函式：

```
while True:
    blynk.run()
    timer.run()
```

blynk.run() 會檢查是否有收到新的手機端需求，並且依照需求的內容找出
要使用的虛擬腳位，再找出並呼叫已註冊的對應函式。

7-2　設計遠端遙控 App

經由上一節的說明，我們已經可以撰寫利用 Blynk 服務的 D1 mini 端
Python 程式了，接著只要在 Blynk 網頁上設定好虛擬腳位，並且在手機上
安裝好 Blynk App，再根據我們的需求設計專屬的使用介面，就可以遙控 D1
mini 了。

Lab14

智慧空調手機 APP
雲端感測遙控

實驗目的	利用手機 App 遠端監測溫濕度，並可下達指令遙控家電開關。		
材料	● Di mini ● 繼電器 × 1 ● DHT11 溫濕度感測器	● 低功率家電 (如檯燈) × 1 ● 杜邦線及排針若	● 10KΩ電阻 ● 1KΩ電阻 ● 2N2222電晶體

硬體補給站！　使用繼電器的安全事項

繼電器都有限制，本實驗使用的繼電器可用於驅動檯燈等小電器，耗電較大的電
器像是微波爐、洗衣機是不行的，若不慎使用恐會產生火災。

■ 線路圖

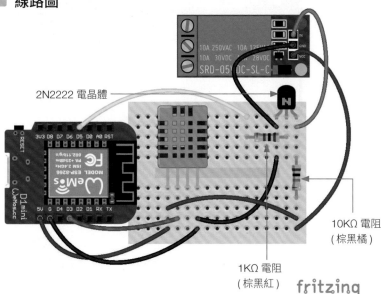

2N2222 電晶體

10KΩ 電阻
(棕黑橘)

1KΩ 電阻
(棕黑紅)

fritzing

■ 設計原理

本實驗會使用 Blynk 手機端 App 設計如下的介面:

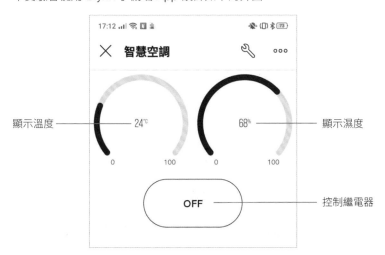

顯示溫度

顯示濕度

控制繼電器

其中, 溫度與濕度資料分別是透過虛擬腳位 V1、V2 從 D1 mini 端讀取而來, 按鈕則會切換 0 與 1 的值, 並透過虛擬腳位 V3 送出給 D1 mini, 再由 D1 mini 端控制繼電器。

以下我們就分別說明如何在在 Blynk 網頁上設定虛擬腳位, 然後在手機上安裝 Blynk 並設計使用者介面, 以及撰寫 D1 mini 端的對應程式。

■ 在 Blynk 網頁設定虛擬腳位

Blynk 的使用必須先建立模擬手機的裝置, 設定要使用的虛擬腳位, 請依照以下步驟設定:

1 回到 Blynk 頁面:

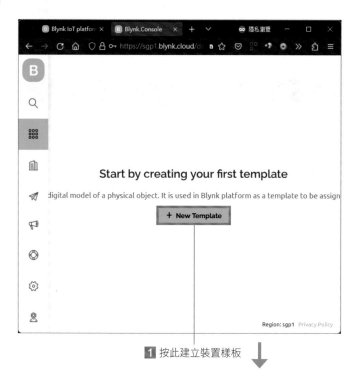

1 按此建立裝置樣板

Create New Template

NAME

2 填入樣板名稱 ─── 智慧空調

3 選取 ESP8266 ───
HARDWARE
ESP8266   CONNECTION TYPE
                          WiFi

DESCRIPTION

This is my template

19 / 128

Cancel   **Done**

4 按此建立

2 傳輸資料必須先建立資料通道，再從資料通道指定要使用的虛擬腳位：

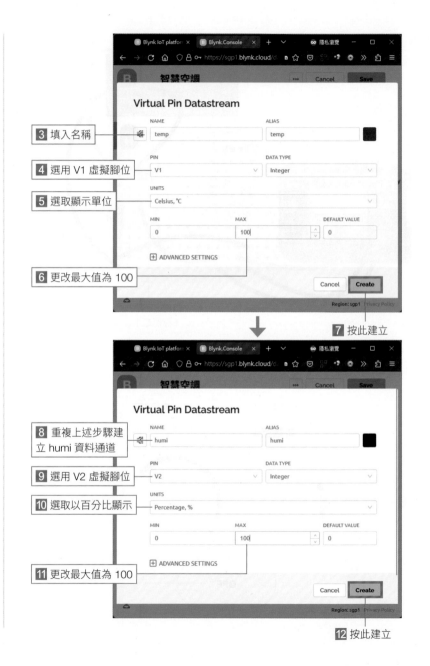

66

13 重複上述步驟建立 switch 資料通道

14 選用 V3 虛擬腳位

15 按此建立

16 確認無誤後按此儲存樣板

3 依據樣板建立虛擬裝置：

1 按此進入裝置頁次

2 按此顯示所有裝置

3 按此建立新裝置

4 按此依據樣板建立裝置

5 選取剛剛建立的樣板

6 填入虛擬裝置名稱

7 按此建立虛擬裝置

8 按此關閉須訊息

9 切換到 **Device Info** 頁次

10 按此複製權杖, 稍後程式中會使用到

■ 安裝 Blynk App 與介面設計

　　要使用 Blynk 服務, 也必須在手機端安裝 App, 並設計專屬的使用者介面, 請依照以下程序進行:

1 先至 Goolge Play 商店安裝 Blynk App:

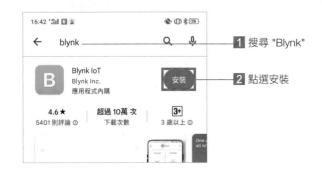

1 搜尋 "Blynk"

2 點選安裝

2 安裝後開啟 App：

1 按此登入

2 填入帳號密碼

3 按此登入

4 若看到此畫面請按此關閉

3 設定介面

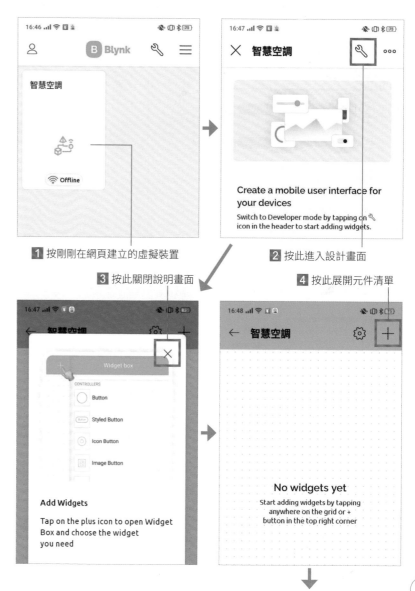

1 按剛剛在網頁建立的虛擬裝置

2 按此進入設計畫面

3 按此關閉說明畫面

4 按此展開元件清單

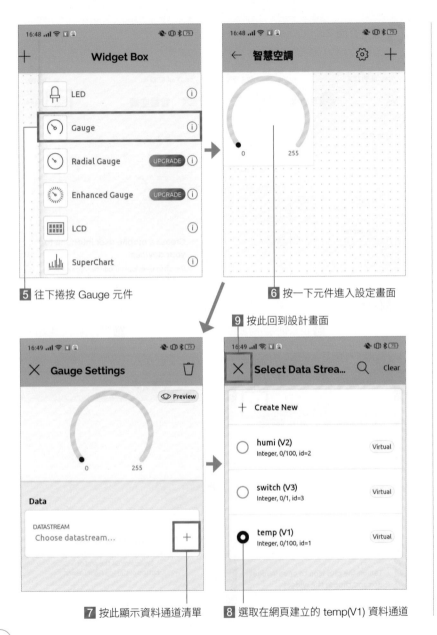

5 往下捲按 Gauge 元件

6 按一下元件進入設定畫面

9 按此回到設計畫面

7 按此顯示資料通道清單

8 選取在網頁建立的 temp(V1) 資料通道

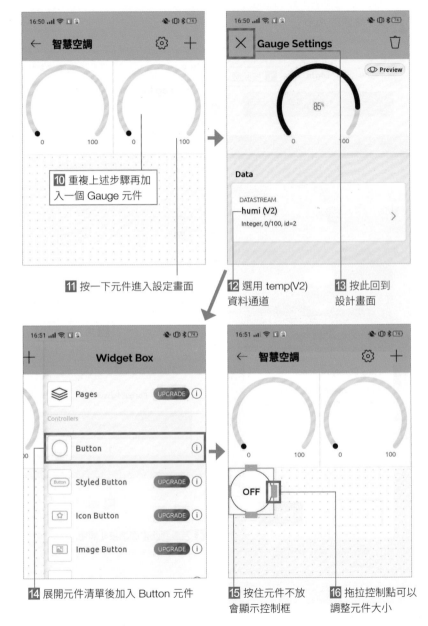

10 重複上述步驟再加入一個 Gauge 元件

11 按一下元件進入設定畫面

12 選用 temp(V2) 資料通道

13 按此回到設計畫面

14 展開元件清單後加入 Button 元件

15 按住元件不放會顯示控制框

16 拖拉控制點可以調整元件大小

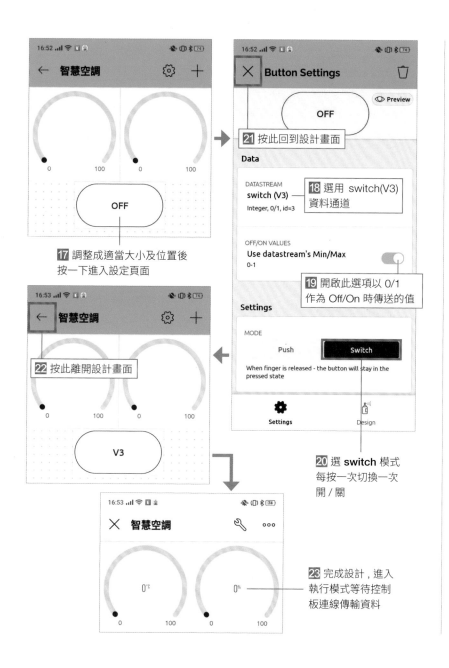

17 調整成適當大小及位置後
按一下進入設定頁面

21 按此回到設計畫面

18 選用 switch(V3)
資料通道

19 開啟此選項以 0/1
作為 Off/On 時傳送的值

20 選 switch 模式
每按一次切換一次
開 / 關

22 按此離開設計畫面

23 完成設計，進入
執行模式等待控制
板連線傳輸資料

■ 程式設計

```
01 from machine import Pin
02 import dht, BlynkLib, network          # 匯入 Blynk 模組
03 from BlynkTimer import BlynkTimer
04
05 sta_if = network.WLAN(network.STA_IF)   # 取得無線網路介面
06 sta_if.active(True)                      # 取用無線網路
07 sta_if.connect('無線網路名稱', '無線網路密碼')  # 連結無線網路
08 while not sta_if.isconnected():          # 等待連上無線網路
09     pass
10 print("Wifi已連上")                      # 顯示連上網路的訊息
11
12 token = 'Blynk 裝置的認證權杖'            # 裝置的認證權杖
13 blynk = BlynkLib.Blynk(token)            # 取得 Blynk 物件
14
15 sensor = dht.DHT11(Pin(0))               # 使用 D3 腳位取得溫溼度
16 relay = Pin(14, Pin.OUT, value = 0)      # 使用 D5 腳位控制繼電器
17
18 def v3_handler(value)    # 從 V3 虛擬腳位讀取手機按鈕狀態的函式
19     relay.value(int(value[0]))
20
21 def temp_huni_handler()  # 提供溫/濕度到 V1/V2 虛擬腳位的函式
22     sensor.measure()
23     blynk.virtual_write(1, sensor.temperature())
24     blynk.virtual_write(2, sensor.humidity())
25
26 timer = BlynkTimer()                     # 建立計時器管理物件
27 timer.set_interval(3, temp_huni_handler) # 定時傳送溫濕度
28
29 blynk.on("V3", v3_handler) # 註冊由 v3_handler 處理 V3 虛擬腳位
30
31 while True:
32     blynk.run()        # 持續檢查是否有收到 Blynk 送來的指令
33     timer.run()        # 持續檢查是否觸發計時器
```

記得第 7 列要改為你所使用的無線網路、第 12 列要填入你收到的信中所記載的權杖。其餘的程式都是依照 7-1 節所介紹註冊虛擬腳位的處理函式，我們就不再贅述。

程式執行後，看到『Wifi 已連上』字樣，就可以回到我們剛剛建立好的 Blynk 專案：

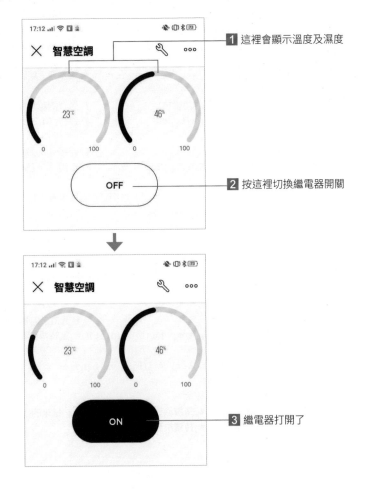

1 這裡會顯示溫度及濕度

2 按這裡切換繼電器開關

3 繼電器打開了

MEMO

CHAPTER 08

自製雲端平台
用網頁遙控家電

家裡的檯燈或是其他電器, 若是能夠利用網頁就能遙控, 是不是很方便呢?

本章會透過 Python 程式把 D1 mini 控制板變成是一個小網站, 讓您可以從手機或是筆電的瀏覽器傳送指令給 D1 mini, 並由 D1 mini 操控**繼電器 (relay)** 模組來開關家裡的電器。

8-1　讓 D1 mini 控制板變成網站

為了讓手機或是筆電等裝置都能遙控家電, 我們採用最簡單的方式, 就是讓 D1 mini 控制板變成網站, 接收手機或筆電等裝置送來的指令, 這樣只要具備瀏覽器的裝置, 就可以用來遙控家電, 而不需要為個別裝置設計專屬的 App 或應用程式。

■ ESP8266WebServer 模組

要讓 D1 mini 變成網站, 可以使用 ESP8266WebServer 模組, 透過簡單的 Python 程式提供網站的功能。在範例檔中已經提供有該模組, 只要開啟 ESP8266WebServer.py 檔案, 再執行『**Device/Upload current script with current name**』將模組檔案上傳到 D1 mini 控制板即可使用。

■ 啟用網站

使用 ESP8266WebServer 模組, 必須先匯入該模組, 接著再啟用網站功能:

```
import ESP8266WebServer        # 匯入模組
ESP8266WebServer.begin(80)     # 啟用網站
```

這裡傳入的 80 稱為**連接埠編號**, 就像是公司內的分機號碼一樣, 其中 80 號連接埠是網站預設使用的編號, 就像總機人員分機號碼通常是 0 一樣。如果更改了這裡的編號, 稍後在瀏覽器鍵入網址時, 就必須在位址後面加上 ": 編號 "。例如, 若網站的 IP 位址為 "192.168.100.38", 啟用網站時將編號改為 **5555**, 那麼在瀏覽器的網址列中就要輸入 "192.168.100.38**:5555**", 若**保留 80 不變**, 網址就只要寫 "192.168.100.38", 瀏覽器就知道你指的是 "192.168.100.38**:80**"。

■ 處理指令

啟用網站後, 還要決定如何處理接收到的指令 (也稱為 『**請求 (Request)**』), 這可以透過以下程式完成:

```
ESP8266WebServer.onPath("/cmd", handleCmd)
```

第 1 個參數是路徑，也就是指令名稱，開頭的 "/" 表示根路徑，需要的話還可以再用 "/" 分隔名稱做成多階層的指令架構。個別指令可透過第 2 個參數指定專門處理該指令的對應函式。在瀏覽器的網址中指定路徑的方式就像這樣：

```
http://192.168.100.38/cmd
```

尾端的 "/cmd" 就是路徑。指令還可以像是函式一樣傳入參數附加額外的資訊，附加參數的方式如下：

```
http://192.168.100.38/cmd?relay=on
```

指令名稱後由問號隔開的部分就是參數，由『參數名稱 = 參數內容』格式指定。本節的範例就會使用名稱為 relay 的參數來切換繼電器開關，參數內容為 "on" 時通電，"off" 時斷電。若需要多個參數，參數之間要用 "&" 串接，例如：

```
http://192.168.100.38/cmd?relay=on&time=50
```

上例中就有 relay 和 time 兩個參數。

對應路徑 (指令) 的處理工作則是交給指定的函式來處理，在前面的例子中就指定由 handleCmd 來處理 "/cmd" 路徑的請求。處理網站指令的函式必須符合以下規格：

```
def handleCmd(socket, args):
    .....
```

第 1 個參數是用來進行網路傳輸用的物件，要傳送回應資料給瀏覽器時，就必須用到它。第 2 個參數是一個字典物件，內含就是隨指令附加的參數，你可以透過 **in 運算**判斷字典中是否包含有指定名稱的元素，並進而取得元素值，即可得到參數內容。例如：

```
def handleCmd(socket, args):
    if 'relay' in args:          # 判斷是否有名稱為 relay 的參數
        if args['relay'] == 'on': # 判斷 relay 參數內容是否為 on
            ...
        elif args['relay'] == 'off':
            ...
```

如此即可依據參數內容進行對應的處理。

■ 回應資料給瀏覽器

瀏覽器送出指令後會等待網站回應資料，程式在處理完指令後，可以使用以下程式傳送資料回去給瀏覽器：

```
# 指令正確執行
ESP8266WebServer.ok(socket, "200", "OK")
# 若指令執行發生錯誤，例如參數不正確
ESP8266WebServer.err(socket, "400", "ERR")
```

第 1 個參數就是處理指令的函式收到的傳輸用物件，第 2 個參數為狀態碼，200 表示指令執行成功、400 則表示錯誤。最後一個參數就是實際要傳送回瀏覽器的資料，這可以是純文字或是 HTML 內容。

HTTP 傳輸協定

瀏覽器與網站之間的溝通都定義在 HTTP 協定中，若想瞭解個別狀態碼的意義，可參考底下所列的線上文件：

https://ppt.cc/f33Z2x

檢查新收到的請求指令

為了讓剛剛建立的網站運作，我們還需要在主程式中加入無窮迴圈，持續檢查是否有收到新的指令，執行對應的指令處理函式：

```
while True:
    ESP8266WebServer.handleClient()
```

取得 D1 mini 的 IP

若要檢查連上網路後的相關設定，可以呼叫網路介面物件的 ifconfig()：

```
>>> sta_if.ifconfig()
('192.168.100.39', '255.255.255.0', '192.168.100.254',
'168.95.192.1')
```

ifconfig() 傳回的是稱為『**元組 (tuple)**』的資料，元組是以小括號 () 表示，使用上和串列非常相似。在 ifconfig() 傳回的元組中，共有 4 個元素，依序為**網路位址 (Internet Protocol address, 簡稱 IP 位址)**、**子網路遮罩 (subnet mask)**、**閘道器 (gateway) 位址**、**網域名稱伺服器 (Domain Name Server, 簡稱 DNS 伺服器) 位址**。如果只想顯示其中單項資料，可以使用中括號 [] 標註從 0 起算的索引值 (index)，例如以下即可顯示 IP 位址：

```
print("伺服器位址：" + sta_if.ifconfig()[0])
```

在瀏覽器中就可以依據 IP 位址鍵入控制繼電器的網址了。

Lab15

遠端遙控開關

實驗目的	利用手機或是筆電上的瀏覽器，直接下達指令遙控家電開關。		
材料	● Di mini ● 繼電器 × 1	● 低功率家電 　(如檯燈) × 1 ● 杜邦線及排針若干	● 10KΩ電阻 ● 1KΩ電阻 ● 2N2222電晶體

硬體補給站！　使用繼電器的安全事項

繼電器都有限制，本實驗使用的繼電器可用於驅動檯燈等小電器，耗電較大的電器像是微波爐、洗衣機是不行的，若不慎使用恐會產生火災。

■ 線路圖

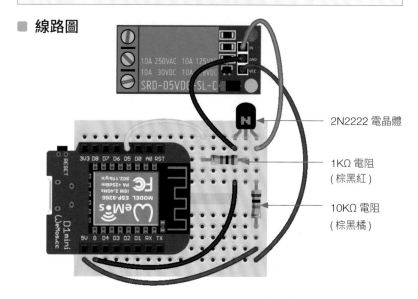

2N2222 電晶體

1KΩ 電阻
(棕黑紅)

10KΩ 電阻
(棕黑橘)

fritzing

■ 設計原理

本實驗會讓 D1 mini 變成網站，並接受如下的網址 (假設 D1 mini 網站的 IP 位址為 192.168.100.38) 當成指令控制繼電器通電打開電器：

```
http://192.168.100.38/cmd?relay=on
```

以下的指令則會讓繼電器斷電：

```
http://192.168.100.38/cmd?relay=off
```

因此，我們的程式就要能夠處理 "/cmd" 指令，並取出伴隨指令的 "relay" 參數，再依據參數內容是 "on" 還是 "off" 切換繼電器的通電或斷電。

程式設計

```python
01 import network
02 import ESP8266WebServer                   # 匯入網站模組
03 from machine import Pin
04
05 def handleCmd(socket, args):              # 處理 /cmd 指令的函式
06     if 'relay' in args:                   # 檢查是否有 relay 參數
07         if args['relay'] == 'on':         # 若 relay 參數值為 'on'
08             relay.value(1)                # 讓繼電器通電
09         elif args['relay'] == 'off':      # 若 relay 參數值為 'off'
10             relay.value(0)                # 讓繼電器斷電
11         ESP8266WebServer.ok(socket, "200", "OK")    # 回應 OK
12     else:
13         ESP8266WebServer.err(socket, "400", "ERR")  # 回應 ERR
14
15 print("啟動中...")
16 sta_if = network.WLAN(network.STA_IF)     # 取得無線網路介面
17 sta_if.active(True)                       # 啟用無線網路
18 sta_if.connect('無線網路名稱', '密碼')     # 連結無線網路
19 relay = Pin(14, Pin.OUT, value=0)         # 控制 D5 腳位並預設斷電
20 while not sta_if.isconnected():           # 等待無線網路連上
21     pass
22
23 ESP8266WebServer.begin(80)                # 啟用網站
24 ESP8266WebServer.onPath("/cmd", handleCmd) # 指定處理指令的函式
25 print("伺服器位址:" + sta_if.ifconfig()[0]) # 顯示 IP 位址
26
27 while True:
28     ESP8266WebServer.handleClient()       # 持續檢查是否收到新指令
```

請將第 18 列的無線網路名稱及密碼改寫成您自己的無線網路，程式執行後會先看到 D1 mini 的 IP 位址 (本例為 192.168.100.38)：

```
>>> %Run RemoteLED_01.py
啟動中...

伺服器位址：192.168.100.38
```

看到 IP 位址後就可以使用手機或筆電，連接相同的無線網路，開啟瀏覽器下達指令了：

讓繼電器通電　　　　　　讓繼電器斷電

要注意的是，瀏覽器送出指令後，會收到 D1 mini 的回應，瀏覽器會將回應內容當成網頁內容顯示，在手機上顯示的字很小，可以用捏放方式放大即可看到：

回應的 OK 在這裡　　　　　　　　　放大顯示就可以看到

8-2　使用 HTML 網頁簡化操作

前一節的範例雖然可以正確運作，不過下指令還要打一長串的網址，如果能夠提供 HTML 網頁讓使用者直接**點選連結**，就會更容易操作了。

■ 指定回應網頁

在 ESP8266WebServer 模組中，也提供有回傳 HTML 網頁的功能，只要使用以下函式：

```
ESP8266WebServer.setDocPath("/relay")
```

就會把 "/relay" 開頭的指令當成是檔案名稱，將 D1 mini 模組上同名的檔案傳回給瀏覽器。例如，如果輸入以下網址：

```
http://192.168.100.38/relay.html
```

由於指令為 "relay.html"，開頭部分與 setDocPath 中指定的 "/relay" 相同，因此就會把 "/relay.html" 當成是檔案名稱，直接傳回 D1 mini 上現有的 /relay.html 檔案內容給瀏覽器。

■ 上傳任意檔案到 D1 mini

要搭配傳回檔案的功能，我們還必須將檔案上傳到 D1 mini 中，這一樣可以使用 **Device/Upload current script with current name** 功能表指令，不過這個指令只能在沒有程式執行時運作，如果上一個實驗的程式還在執行，請先按 Ctrl + F2 結束程式，然後開啟本書範例資料夾內的 HTML 檔：

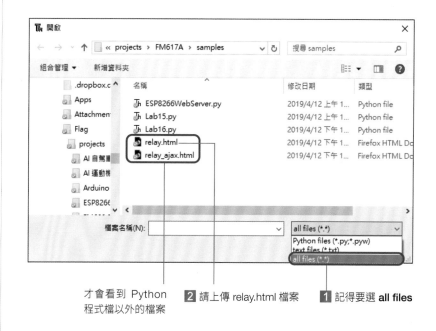

才會看到 Python　　　2 請上傳 relay.html 檔案　　　1 記得要選 all files
程式檔以外的檔案

上傳完畢後，就可以搭配傳回檔案功能提供 HTML 網頁給瀏覽器了。

Lab16

遠端遙控網頁版

實驗目的	利用手機或是筆電上的瀏覽器，直接**點選網頁上的連結**下達指令遙控家電開關。
材料	● Di mini　　　　　　● 低功率家電 (如檯燈) × 1 ● 繼電器 × 1　　　　● 杜邦線及排針若干

■ 線路圖

同前一個實驗。

■ 設計原理

本實驗會設定網頁路徑，讓 D1 mini 接到以下指令時：

```
http://192.168.100.38/relay.html
```

直接傳回 relay.html 檔給瀏覽器顯示，方便使用者操作。我們已經提供有這個 HTML 檔，內容如下：

```
01 <!DOCTYPE html>
02 <html>
03 <head>
04   <meta charset='UTF-8'>
05   <meta name='viewport'
06     content='width=device-width, initial-scale=1.0'>
07   <title>家電遙控器</title>
08 </head>
09 <body>
10   <h1>
11     <a href='/cmd?relay=on'>通電</a> 或
12     <a href='/cmd?relay=off'>斷電</a></h1>
13 </body>
14 </html>
```

其中主要就是第 11、12 兩列建立了通電以及斷電的連結，讓使用者可以點選控制繼電器。

軟體補給站

有關可用的狀態碼、MIME 格式，或是設計網頁所使用的 HTML 語言等等，可參考相關文件或教學：

HTML 教學
https://goo.gl/rquLec

HTTP 狀態碼
https://goo.gl/a94q5M

■ 程式設計

```
01 import network
02 import ESP8266WebServer              # 匯入網站模組
03 from machine import Pin
04
05 def handleCmd(socket, args):         # 處理 /cmd 指令的函式
06     if 'relay' in args:              # 檢查是否有 relay 參數
07         if args['relay'] == 'on':    # 若 relay 參數值為 'on'
08             relay.value(1)           # 讓繼電器通電
09         elif args['relay'] == 'off': # 若 relay 參數值為 'off'
10             relay.value(0)           # 讓繼電器斷電
11         ESP8266WebServer.ok(socket, "200", "OK") # 回應 OK
12     else:
13         ESP8266WebServer.err(socket, "400", "ERR")# 回應 ERR
14
15 print("啟動中...")
16 sta_if = network.WLAN(network.STA_IF)    # 取得無線網路介面
17 sta_if.active(True)                      # 啟用無線網路
18 sta_if.connect('無線網路名稱', '密碼')    # 連結無線網路
19 relay = Pin(14, Pin.OUT, value=0)        # 控制 D5 腳位
20 while not sta_if.isconnected():           # 等待無線網路連上
21     pass
22
```

```
23 ESP8266WebServer.begin(80)                          # 啟用網站
24 ESP8266WebServer.onPath("/cmd", handleCmd)# 指定處理函式
25 ESP8266WebServer.setDocPath("/relay")        # 指定 HTML 檔路徑
26 print("伺服器位址：" + sta_if.ifconfig()[0])# 顯示網站的 IP 位址
27
28 while True:
29     ESP8266WebServer.handleClient()    # 持續檢查是否收到新指令
```

請將第 18 列的無線網路名稱及密碼改寫成您自己的無線網路，這個程式與上一個實驗的差別，就是在第 25 列加入將 "/relay" 開頭的指令視為檔案名稱的程式。

要測試程式之前，請參見 8-2 節先將 relay.html 檔案上傳到 D1 mini。執行程式看到網站的 IP 位址 (以下仍假設為 192.168.100.38) 後，即可開啟瀏覽器如下操作：

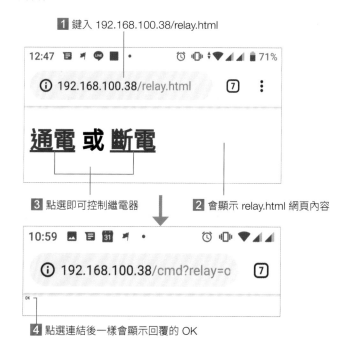

1 鍵入 192.168.100.38/relay.html

3 點選即可控制繼電器　　　　2 會顯示 relay.html 網頁內容

4 點選連結後一樣會顯示回覆的 OK

點選後必須按**返回**或是**上一頁**，才能回到 relay.html 頁面重新點選連結。透過這種方式，就可以提供操作頁面方便使用者遙控家電了。

軟體補給站　**更貼近手機 App 的網頁**

剛剛的網頁每次點選連結後就會切換頁面顯示網站回應的資料，必須手動返回上一頁才能繼續操作。我們在範例檔中另外提供有 relay_ajax.html 網頁檔，會透過 JavaScript 程式技術，讓使用者點選連結後留在原頁面繼續操作，而且也會將網站回覆的內容顯示在同一個頁面。

你可以按 Ctrl + F2 停止目前的程式，上傳 relay_ajax.html 檔後重新執行程式測試：

1 鍵入 192.168.100.38/relay_ajax.html 顯示頁面

2 點選連結控制繼電器

3 網站回覆的內容會顯示在這裡

4 網站回覆的內容

這樣的設計會讓網頁使用起來像是 App 一樣，不會因為要換頁而等待，也不需要使用者手動返回前頁，整體的使用體驗更完善。

如果對於 JavaScript 相關技術有興趣，可以參考範例網頁檔的內容，或是以下教學網站：

https://ppt.cc/fHubtx

記得到旗標創客・
自造者工作坊
粉絲專頁按『讚』

1. 建議您到「旗標創客・自造者工作坊」粉絲專頁按讚,
   有關旗標創客最新商品訊息、展示影片、旗標創客展
   覽活動或課程等相關資訊, 都會在該粉絲專頁刊登一手
   消息。

2. 對於產品本身硬體組裝、實驗手冊內容、實驗程序、或
   是範例檔案下載等相關內容有不清楚的地方, 都可以到
   粉絲專頁留下訊息, 會有專業工程師為您服務。

3. 如果您沒有使用臉書, 也可以到旗標網站 (www.flag.com.
   tw), 點選首頁的 讀者服務 後, 再點選 讀者留言版 , 依
   照留言板上的表單留下聯絡資料, 並註明書名、書號、頁
   次及問題內容等資料, 即會轉由專業工程師處理。

4. 有關旗標創客產品或是其他出版品, 也歡迎到旗標購物
   網 (www.flag.com.tw/shop) 直接選購, 不用出門也能長
   知識喔!

5. 大量訂購請洽

   學生團體   訂購專線: (02)2396-3257 轉 362
              傳真專線: (02)2321-2545

   經銷商   服務專線: (02)2396-3257 轉 331
              將派專人拜訪
              傳真專線: (02)2321-2545

國家圖書館出版品預行編目資料

用 Python 學物聯網 / 施威銘研究室 作
臺北市: 旗標, 2019 . 05   面; 公分

ISBN 978-986-312-592-1(平裝)

1. Python (電腦程式語言)

312.32P97   108003701

作   者/施威銘研究室

發 行 所/旗標科技股份有限公司

         台北市杭州南路一段15-1號19樓

電   話/(02)2396-3257(代表號)

傳   真/(02)2321-2545

劃撥帳號/1332727-9

帳   戶/旗標科技股份有限公司

監   督/黃昕暐

執行企劃/邱裕雄・黃昕暐

執行編輯/邱裕雄・黃昕暐

美術編輯/陳慧如

封面設計/古鴻杰

校   對/黃昕暐・邱裕雄

行政院新聞局核准登記-局版台業字第 4512 號

ISBN 978-986-312-592-1

版權所有・翻印必究